室内与家具设计 CAD 教程
（第三版）

张 帆 编著

中国建筑工业出版社

图书在版编目（CIP）数据

室内与家具设计 CAD 教程/张帆编著. —3 版.
北京：中国建筑工业出版社，2018.6
ISBN 978-7-112-22167-7

Ⅰ.①室…　Ⅱ.①张…　Ⅲ.①室内装饰设计-计算
机辅助设计-AutoCAD 软件②家具-计算机辅助设计-
AutoCAD 软件　Ⅳ.①TU238.2-39②TS664.01-39

中国版本图书馆 CIP 数据核字(2018)第 090401 号

责任编辑：郑淮兵　陈小娟
责任校对：姜小莲

室内与家具设计 CAD 教程
（第三版）
张　帆　编著

＊

中国建筑工业出版社出版、发行（北京海淀三里河路 9 号）
各地新华书店、建筑书店经销
北京科地亚盟排版公司制版
北京建筑工业印刷厂印刷

＊

开本：787×1092 毫米　1/16　印张：16¼　字数：404 千字
2018 年 7 月第三版　　2018 年 7 月第二十次印刷
定价：**45.00** 元
ISBN 978-7-112-22167-7
(32059)

前　言

AutoCAD 是目前在建筑、机械、室内、家具等领域的设计与图纸的绘制当中被广泛使用的绘图软件，在我国拥有广大的用户，也深受大家的喜爱。

目前有关利用 AutoCAD 软件进行建筑图的设计和绘制的书有很多种，而具体针对室内与家具设计专业特点的专业性强的书却很少。本书的编写就是为了适应广大室内与家具设计专业的从业人员以及在校学生的要求，结合在室内与家具设计中的不同类型的设计图的绘制，以及相关国家制图标准进行讲解。

本书的第一版是以 AutoCAD2004 为基础编写而成，第二版是以 AutoCAD2007 为基础，此次则以 AutoCAD2018 作为基础，结合 AutoCAD2018 的新界面、新功能，对第二版书的内容进行了改进。AutoCAD2018 的软件界面和操作习惯都发生了很大的改变，国家制图标准也发生了变化，因此，在此次改版中对制图规范和标准进行了更新，对基础操作和图纸绘制的步骤进行了更进，也根据现在设计生产的实际要求对提供的案例进行了删减和增加。

本书第一章介绍了 AutoCAD2018 的新增功能、基本功能、工作界面、基础设置和基本操作。对于 AutoCAD2018 的初学者可以通过本章的学习了解 AutoCAD2018 的基本使用方法，掌握基本的绘图命令。同时习惯老版本操作界面的使用者也可以找到自定义界面的方法。进而结合室内与家具设计图的实例进行具体讲解，主要分为设计制图的制图规范和标准、室内平面图的绘制、室内设计立面图的绘制、板式家具三视图及结构装配图、软体家具三视图及结构装配图、家具三维建模及渲染这几个章节。本书的最后一章还介绍了图纸的打印及输出的方法。

我们编写这本书的原则是实用性强、简单易懂、由浅入深，通过有代表性的实例来讲解 AutoCAD2018 的绘图方法和实用技巧，并能通过本书进一步强化对专业制图规范的学习，可以作为该专业的从业人员自学或在校学生的指导用书。

参与本书编写的成员还有邹亚洁、刘志家、汪莉君、史楠、邸可心。由于编者的水平和经验所限，书中难免有不足之处，欢迎广大读者批评指正，在此表示衷心感谢。

编者于北京林业大学

2018 年 5 月

目　　录

第1章 AutoCAD2018 基础

小贴士：	什么是 AutoCAD？

AutoCAD 是美国 Autodesk 公司开发的一个计算机辅助设计（Computer Aided Design，缩写 CAD）软件，问世于 1982 年 7 月，操作简单，广泛应用在机械、化工、电子、土木建筑、室内外环境设计、家具设计、服装设计等多个领域。

在电脑上用 AutoCAD 进行设计和绘图与使用传统制图工具铅笔、尺子、三角板在绘图板上进行设计大不相同，设计制图人员可以仅靠鼠标和键盘就能随心所欲地表达自己的设计思想。

要想顺利地使用 AutoCAD 软件进行设计，首先要熟悉它的工作界面，了解与 AutoCAD 程序进行交流的基本操作。

1.1 AutoCAD2018 概述

AutoCAD2018 是 Autodesk 公司于 2017 年年初推出的 AutoCAD 软件新版本，与以前的版本相比，AutoCAD2018 在很多方面进行了改进，软件界面和操作习惯都发生了很大变化。

新的 AutoCAD2018 软件能够帮助用户在一个统一的环境下灵活地完成概念和细节设计，并且在同一个环境下进行创作、管理和分享设计作品。

AutoCAD2018 与新版 Office 界面相似，更为直观的 ribbon（功能区分组）式软件操作界面，可以获得更大的工作区域，充分利用屏幕的大小，轻松而快速地进行图形的创作和编辑。

1.2 AutoCAD2018 主要新增功能

1.2.1 开始界面

AutoCAD2018 启动时，会出现开始界面，这个界面是从 AutoCAD2016 版本开始使用的新界面，单击"快速入门"图标即可直接新建文件进入图形的绘制，如图 1-2-1-1 所示；通过选择"样板"可以创建不同需求的文档，用户也可以建立自己的样板文件，提前预设好图层线形和标注样式，同时在"最近使用的文档"中默认保存最近 10 次打开的文档，文档上的"█"可以置顶所需文档，快速打开，用来节省制图时间，如图 1-2-1-2 所示。

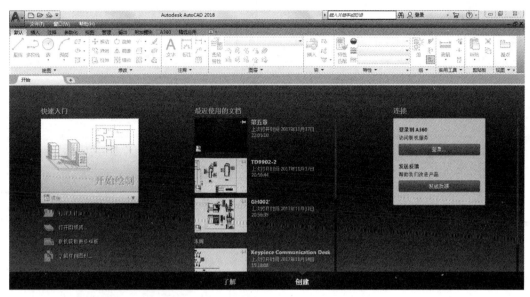

图 1-2-1-1　AutoCAD2018 开始界面"创建"

（a）　　　　　　　　　　　（b）

图 1-2-1-2　快速入门选择"样板"，"最近使用的文档"

在开始界面的"了解"界面中，AutoCAD2018 给出了官方新功能概述的视频和快速入门视频，如图 1-2-1-3 所示。

1.2.2　切换工作空间

AutoCAD2018 同样可以让用户方便地选择自己所需要的工作空间，将二维绘图环境和三维建模环境区分开，习惯了旧版本软件操作界面的用户也可以选择使用经典的 Auto-CAD 工作界面。

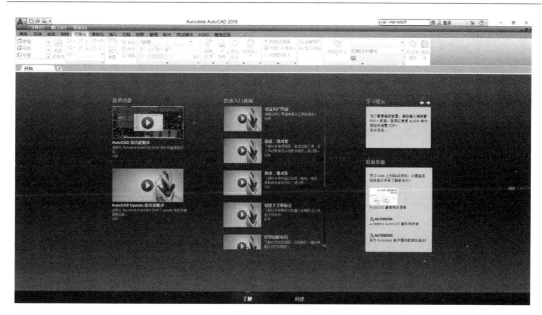

图 1-2-1-3　"了解"界面

AutoCAD2018 启动时默认进入的工作环境是草图与注释空间，如图 1-2-2-1 所示。

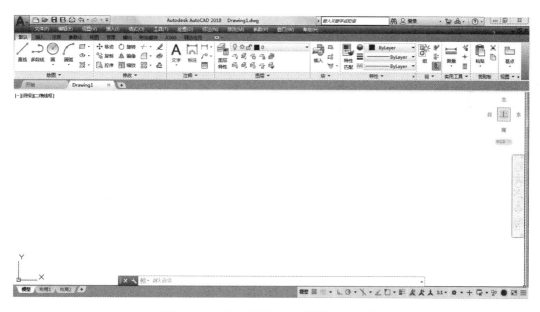

图 1-2-2-1　AutoCAD2018 草图与注释空间

选择"三维建模"即进入三维建模的工作环境，界面中仅包含常用的三维建模相关的工具和选项，将其余与三维建模无关的工具均隐藏起来，从而最大化屏幕空间，优化绘图环境。关于此部分内容将在后面章节进行介绍，如图 1-2-2-2 所示。

图 1-2-2-2　AutoCAD2018 工作空间——三维建模

小贴士：	AutoCAD 经典模式不见了？

　　习惯了使用本软件旧版的用户从 AutoCAD2015 开始，默认没有"AutoCAD 经典"选项，只能通过自定义设置来改变界面，如图 1-2-2-3 所示。

　　√ 打开 AutoCAD2018，找到左上角的向下三角形，打开，点击"显示菜单栏"；

　　√ 打开工具菜单，选项板，点击"功能区"，将功能区关闭；

　　√ 打开工具菜单，工具栏，AutoCAD，把标准、样式、图层、特性、绘图、修改、绘图次序勾选上；

　　√ 将当前工作空间另存为 AutoCAD 经典，保存。

(a)

图 1-2-2-3　AutoCAD2018 自定义——AutoCAD 经典模式（一）

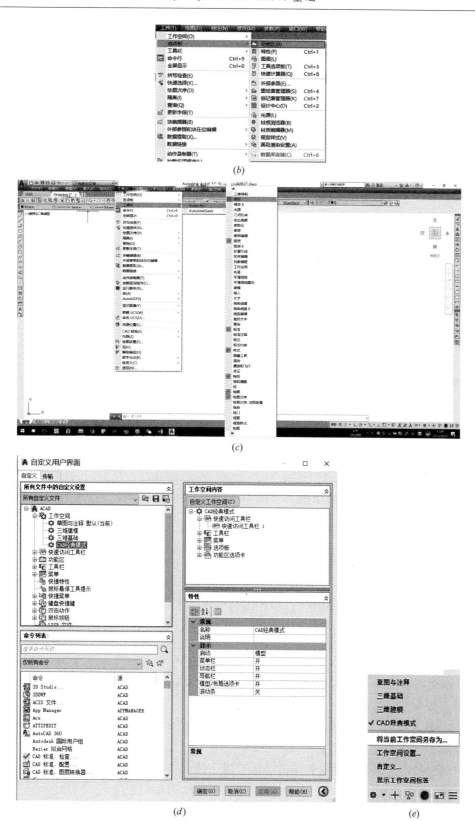

图 1-2-2-3　AutoCAD2018 自定义——AutoCAD 经典模式（二）

在 AutoCAD2018 中，我们可以在两个地方调节工作空间，一是在标题栏上的快速访问工具中的空间控件，在弹出的下拉列表中选取想要的工作空间，如图 1-2-2-4 所示。二是在界面右下角，点击齿轮状按钮 ⚙▾。

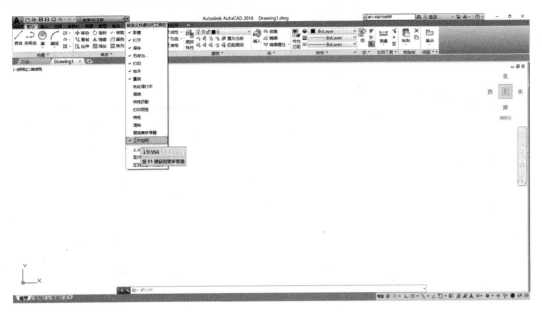

图 1-2-2-4　AutoCAD2018 切换工作空间

1.2.3　图形绘制的改进

（1）二维绘图方面的改进

AutoCAD2018 中二维图形绘制与以前版本的差别不大，但在外部参照路径和导入方面的改进较大。

　√ 更自由地导航工程图，屏幕外对象选择。

　√ 轻松修复外部参照文件的中断路径，助您节省时间：将外部文件附着到 AutoCAD图形时，默认路径类型将设为"相对路径"，而非"完整路径"。在先前版本的 AutoCAD中，如果宿主图形未命名（未保存），则无法指定参照文件的相对路径。在 AutoCAD2018中，可指定文件的相对路径，即使宿主图形未命名也可以指定。

　√ 线型间隙选择增强功能。

　√ 将文字和多行文字对象合并为一个多行文字对象："合并文字"工具支持将多个单独的文字对象合并为一个多行文字对象。这在识别并从输入的 PDF 文件转换 SHX 文字后特别有用。命令 TXT2MTXT。

　√ 高分辨率（4K）显示器支持：光标、导航栏和 UCS 图标等用户界面元素可正确显示在高分辨率（4K）显示器上。

其中对于室内与家具设计最有用的功能有以下两个：

　√ PDF 支持

新版本支持直接从 PDF 文件导入，识别图形和文字，点击"PDF 输入"或者输入命令"PDF"，如图 1-2-3-1 所示。

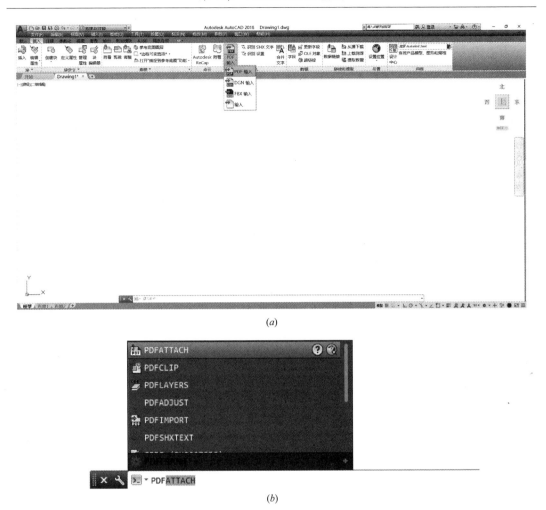

(a)

(b)

图 1-2-3-1 "PDF 输入"命令

选择一个 PDF 文件,"打开",按照默认设置点击"确定",即可导入 PDF 文件,如图 1-2-3-2 所示导入的 PDF 文件中图层全部有保留,调整图层颜色即可。对象基本都能识别,包括文字(SHX 文字除外),唯一缺点是不支持图块的导入,导入后图块将全部转化为线对象。

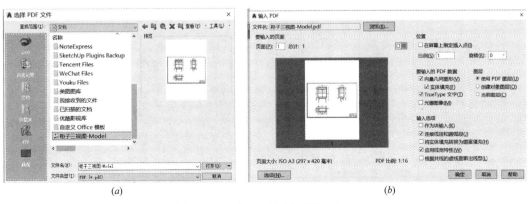

(a)　　　　　　　　　　　　　　　　　　(b)

图 1-2-3-2 "PDF 输入"操作(一)

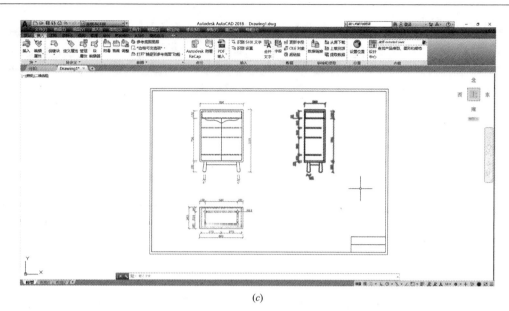

(c)

图 1-2-3-2 "PDF 输入"操作（二）

PDF 文件格式无法识别 AutoCAD SHX 字体，因此，当从图形创建 PDF 文件时，使用 SHX 字体定义的文字将作为几何图形存储在 PDF 中。如果该 PDF 文件之后输入 DWG 文件中，原始 SHX 文字将作为几何图形输入。AutoCAD2018 提供 SHX 文本识别工具，用于选择表示 SHX 文字的已输入 PDF 几何图形，并将其转换为文字对象。通过"插入"功能区选项卡上的 "识别 SHX 文字"工具可以将 SHX 文字的几何对象转换成文字对象。命令 PDFSHXTEXT。

√ 屏幕外选择

新版本在二维图形中还有一个很大的改进就是选择对象的精准性，在 AutoCAD2018 之前的版本内缩放界面后无法框选屏幕之外的对象，而在新版本中可以无限制地放大或缩小屏幕以确保选择对象的精准性，如图 1-2-3-3 所示。

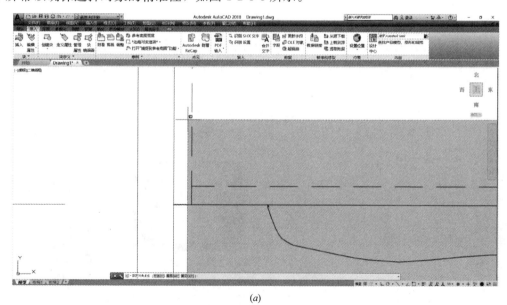

(a)

图 1-2-3-3 选择对象集中，屏幕外对象也可选中（一）

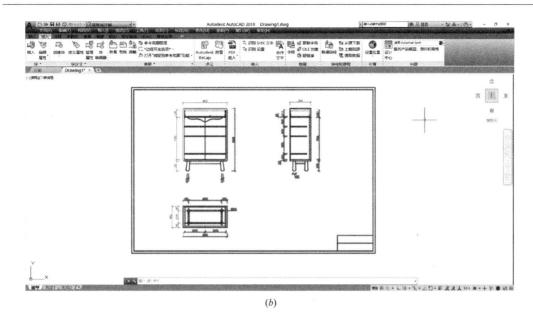

(b)

图 1-2-3-3　选择对象集中，屏幕外对象也可选中（二）

小贴士：	如何创建选区？

- 要指定矩形选择区域，请单击并释放鼠标按钮，然后移动光标并再次单击。
- 要创建套索选择，请单击、拖动并释放鼠标按钮，如图 1-2-3-4 所示。

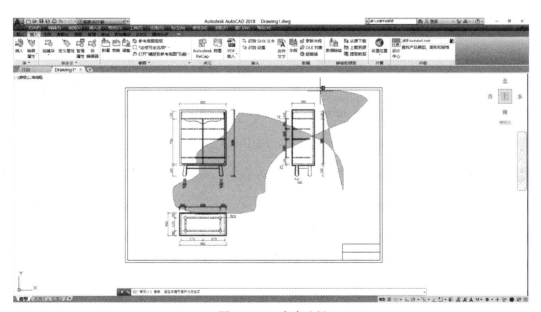

图 1-2-3-4　套索选择

（2）三维建模方面的改进

AutoCAD2018 提供了使用的三维图形设计功能和强大的渲染功能，使用渲染功能可以使三维对象显示得更加逼真。

√ 改进了三维导航的性能及三维图形的稳定性、保真性。

√ AutoCAD2018 改进了三维导航的性能，使用三维工具在三维视图中进行动态观察、回旋、调整距离、缩放和平移。

√ 3Dprint Studio：AutoCAD2018 新增了 3D 打印准备功能，将已完成的模型导入 Print Studio 并使用可用的准备工具以确保打印成功。此项准备可以帮助您避免试错打印的挫败感，从而为您节省时间和金钱。

√ 三维图像渲染、点云功能的增强。

AutoCAD2018 增强了三维图像的渲染，使得模型渲染更具真实感，同时新增加了点云功能。点云是通过三维激光扫描仪或其他技术获取的大型点集合，并且可用于创建现有结构的三维表示。

点云文件通过提供可以在其中重新创建参照对象或插入其他模型的真实环境来支持设计过程。将点云附着到图形后，可以将其用作绘图准则、更改其显示或应用颜色样式化来区分不同的功能。AutoCAD 可从这些点云线段创建二维几何图形。

1.2.4　图形输出的改进

AutoCAD2018 更新了 DWG 格式，但 AutoCAD2018 仍然可以另存为其他较低的版本格式，甚至还可以直接存储为 R12 的 DWG 格式文件，如图 1-2-4-1 所示。

图 1-2-4-1　图形另存为

AutoCAD2018 可以通过选择"文件/输出"选项直接输出为 3D DWG 格式的文件。还可以直接将 DWG 文件转换为 PDF 文件，AutoCAD2018 提供了一个 DWG to PDF 的虚拟打印机，可以非常方便地将设计图形输出为 PDF 格式，方便了文件的交换。

1.3　AutoCAD2018 工作界面

AutoCAD2018 系统提供的工作空间主要有"草图与注释""三维基础""三维建模"。

下面以"草图与注释"工作空间为例进行讲解，"草图与注释"工作空间的工作界面（如图 1-3-1）主要由标题栏、功能区、绘图区、命令窗口、状态栏和相关的工具栏等部分组成，下面分别对它们进行介绍：

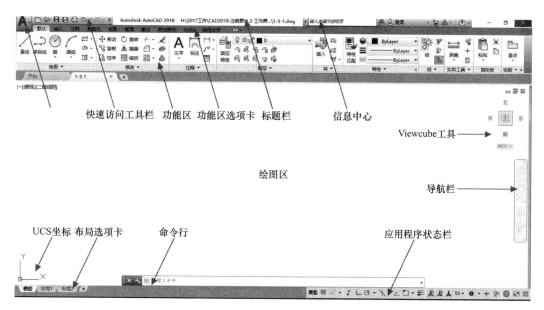

图 1-3-1　AutoCAD2018 界面注释

1.3.1　标题栏

在标题栏中，所操作的图形文件的名称会有所显示（如图 1-3-1-1），并可对 AutoCAD 文件进行最大化、最小化及关闭操作。在信息中心输入相关文字就可以按照不同的分类得到相应的处理问题回答。

图 1-3-1-1　标题栏

1.3.2　快速访问工具

快速访问工具位于应用程序窗口左上侧，包含最常用的操作快捷按钮方便用户使用，在默认状态下，快速访问工具栏包含七个快捷工具，从左到右依次是新建、打开、保存、另存为、打印、放弃、重做，如图 1-3-2-1 所示。

图 1-3-2-1　快速访问工具

1.3.3　功能区

功能区由很多面板组成，位于绘图区上方，包含了绘图中的绝大部分命令，用户可以通过绘图需求在对应的选项卡下的对应面板中单击相应的命令按钮，如图 1-3-3-1 所示。

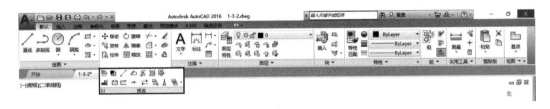

图 1-3-3-1　功能区

在功能区中，有些面板的标题中间还有箭头 ，表示此类面板还有附加滑出式面板，若单击箭头 ，则面板展开，显示出其他工具和控件（如图 1-3-3-2），滑出式面板的左下角有按钮 ，点击可使滑出式面板保持展开状态。

图 1-3-3-2　滑出式面板

有些面板的右下角会有按钮 ，表示对话框启动器，点击可显示相应的对话框。

1.3.4　绘图区域

设计图形的工作主要在绘图区域完成。绘图区域就像是手工绘图的图纸，可以根据需要设定大小。

（1）鼠标在绘图区移动时，会显示出十字光标在跟随移动，十字光标在作图中用来确认鼠标的位置，进行绘图定位或选择对象。绘图时，光标显示为十字形"＋"，拾取编辑对象时，光标显示为拾取框"□"

（2）绘图的左下角是坐标系图标，它用来表示绘图时的坐标系形式，根据工作需要，可对该坐标系图标进行设置。

1.3.5　命令行提示区

AutoCAD 执行的每一个动作都是建立在相应命令的基础上的，命令提示区位于绘图区域的下面，点击工具栏中的命令或从键盘输入的快捷命令、AutoCAD 的提示及相关信息都反映在这个窗口（如图 1-3-5-1），可以通过鼠标的拖动来改变这个区域的大小。

图 1-3-5-1　命令提示区

要了解更多的历史命令，按下键盘上的 F2 键可打开文本窗口（如图 1-3-5-2），再次按下 F2 键可关闭此窗口。

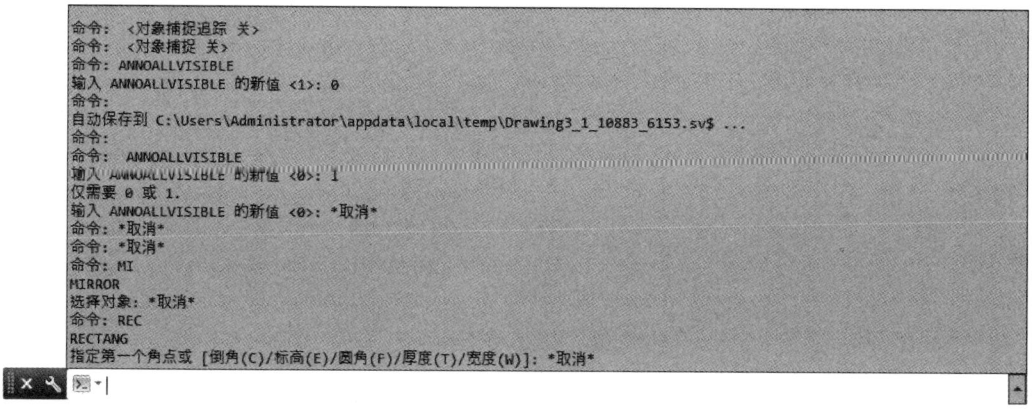

图 1-3-5-2　命令提示文本窗口

1.3.6　滚动条

绘图区的右侧和底边都有滚动条，当拖动滚动条滑块或点击两端的箭头时，绘图窗口中的图形就会沿水平或垂直方向移动。

1.3.7　应用状态栏

应用状态栏位于命令行提示区的下方，主要用于显示当前光标的坐标，还用于显示和控制推断约束、捕捉模式、栅格显示、正交模式、极轴追踪、对象捕捉、三维对象捕捉、对象捕捉追踪、允许/禁止动态 UCS、动态输入、显示/隐藏线宽、显示/隐藏透明度、快捷特性、选择循环的状态（被按下时为开），如图 1-3-7-1 所示。

图 1-3-7-1　状态栏

在默认情况下，状态栏不会显示所有工具。单击最右侧的自定义按钮 ≡（如图 1-3-7-2），然后在"自定义"菜单中勾选想要在状态栏显示的工具。

（1）推断约束

打开"推断约束"时，用户在创建几何图形时指定的对象捕捉将用于推断几何约束。但是，不支持下列对象捕捉：交点、外观交点、延长线和象限点。将鼠标放在"推断约束"按钮 上点击右键，在弹出的对话框中选择"推断约束设置"，弹出约束设置对话框，包含几何、标注、自动约束三个选项卡，可以通过需求进行设定，如图 1-3-7-3 所示。

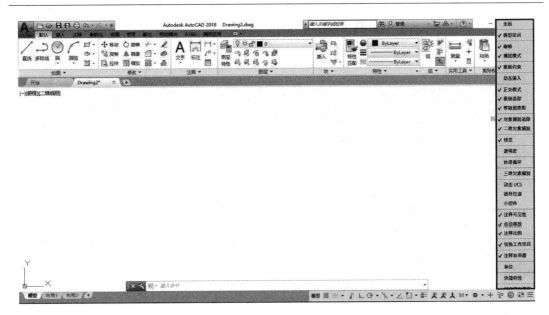

图 1-3-7-2 "自定义"菜单栏

（2）捕捉模式

打开捕捉模式，光标只能在 X 轴、Y 轴或极轴方向移动固定的距离，这样有利于光标的精确移动。将鼠标放在"对象捕捉"按钮上点击右键，在弹出的菜单中选择"对象捕捉设置"，草图设置对话框弹出，在"捕捉与栅格"选项组中可以设置 X 轴、Y 轴或极轴捕捉间距，如图 1-3-7-4 所示。

图 1-3-7-3 设置推断约束

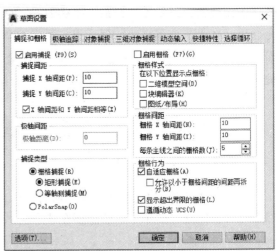

图 1-3-7-4 设置捕捉模式

修改"极轴追踪""对象捕捉"等状态栏中其他命令时，在草图设置对话框中点击相应选项卡后调节即可。

（3）栅格显示

栅格也用于辅助定位，将鼠标放在"显示图形栅格"按钮上点击左键。打开栅格显示时，屏幕上布满网格。栅格选项也在草图设置对话框里进行调节。

（4）正交模式

将鼠标放在"正交限制光标"按钮 上点击左键，打开"正交模式"，绘制出的直线就只能是垂直直线、水平直线。

（5）极轴追踪

将鼠标放在"极轴追踪"按钮 上点击左键，打开"极轴追踪"，会显示极轴的追踪轨迹，光标将沿极轴角度按指定增量进行移动，而且 AutoCAD 将在该方向上显示一条追踪辅助线，如图 1-3-7-5 所示。

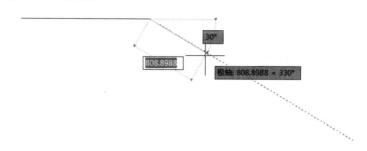

图 1-3-7-5　极轴追踪方式

在设置极轴追踪时，在"增量角"处输入想要的极轴增量角度，在光标接近此角度或者此角度的倍数时，就会显示极轴追踪的路径，如图 1-3-7-6 所示，如果想增加追踪的其他角度，勾选"附加角"，新建其他角度，在使用时即可同时捕捉"增量角"和"附加角"。

（6）对象捕捉

将鼠标放在"对象捕捉"按钮 上点击右键，选择"对象捕捉设置"，就会出现对象捕捉设置窗口，如图 1-3-7-7 所示。

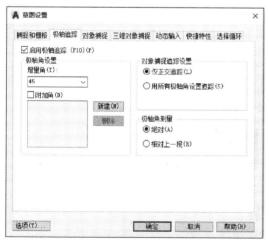

图 1-3-7-6　极轴追踪角度设置

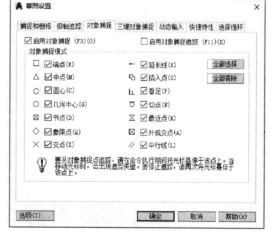

图 1-3-7-7　对象捕捉设置

它可以帮助用户更有效地查看和使用对象捕捉。当光标移到对象的对象捕捉位置时，自动捕捉将显示标记和工具提示。绘制几何图形时，对象捕捉是非常有用的工具。圆心，直线的端点、中点、交点，最近点等都是精确作图时希望捕捉到的点（如图 1-3-7-8）。

（7）三维对象捕捉

顾名思义，打开它可以在三维对象上的精确位置指定捕捉点，如顶点、边中点、面中心、节点、垂足、最靠近面点。

（8）对象捕捉追踪

将鼠标放在"对象捕捉追踪"按钮 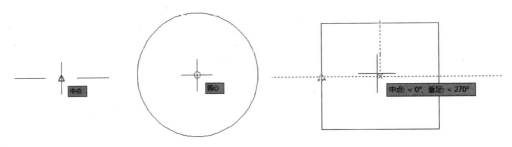 上点击左键，打开"对象追踪"，通过捕捉对象上的捕捉点，沿正交方向或极轴方向拖动光标，系统将显示光标当前的位置与捕捉点之间的相对关系，可以快捷地找到符合要求的点，如图 1-3-7-9 所示。

图 1-3-7-8　对象捕捉方式　　　　　图 1-3-7-9　对象捕捉追踪方式

（9）允许/禁止动态 UCS

用于允许或禁止动态的 UCS（用户坐标系）坐标。可以使用动态 UCS 在三维实体的平整面上创建对象，而无须手动更改 UCS。在执行命令的过程中，当将光标移动到面上方时，动态 UCS 会临时将 UCS 的 XY 平面与三维实体的平整面对齐。当将动态 UCS 激活后，指定的点和绘图工具（例如极轴追踪和栅格）都将与动态 UCS 建立的临时 UCS 相关联。

（10）动态输入

"动态输入"在光标附近提供了一个命令界面，以帮助用户专注于绘图区域（如图 1-3-7-10）。

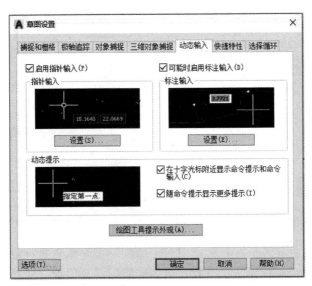

图 1-3-7-10　指针输入、标注输入、动态提示以及绘图工具提示外观

打开动态输入时，工具提示将在光标旁边显示信息，该信息会随光标移动动态更新。当某命令处于活动状态时，工具提示将为用户提供输入的位置。

在输入字段中输入值并按 Tab 键后，该字段将显示一个锁定图标，并且光标会受用户输入的值约束，随后可以在第二个输入字段中输入值。另外，如果用户输入值然后按 Enter 键，则第二个输入字段将被忽略，且该值将被视为直接距离输入。

动态输入不会取代命令行。您可以隐藏命令行以增加绘图屏幕区域，但是在有些操作中还是需要显示命令行。

（11）显示/隐藏线宽

将鼠标放在"自定义"按钮 上点击左键，勾选"线宽"选项。

画图时可以为图层或图形单体设置不同的线型和线宽，若需要显示线的宽度时，点击这个按钮，不需要显示时，再次点击关掉线宽显示（如图 1-3-7-11）。

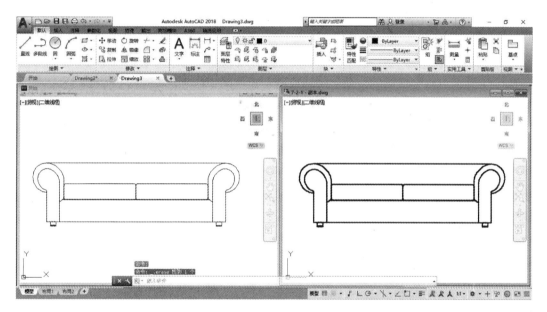

图 1-3-7-11　线宽设置（左图线宽未开启，右图线宽开启）

（12）显示/隐藏透明度

用户可以控制对象和图层的透明度级别，设定选定的对象或图层的透明度级别，可以提升图形品质或降低仅用于参照区域的可见性。

（13）快捷特性

快捷特性处于打开状态时，只要选中工作区域中的对象，就会浮动显示快捷特性面板。其中显示了该对象的常用特性，这样更易于对对象特性进行编辑。可以把快捷特性面板理解为是对象特性面板的精简版（如图 1-3-7-12）。每种对象类型都可以自定义"快捷特性"面板的内容。

（14）选择循环

"选择循环"允许选择重叠的对象。可以配置"选择循环"列表框的显示设置。

系统常用功能键：

图 1-3-7-12　快捷特性设置

√ F1 键——帮助键。当对命令不明白时，可以通过按 F1 键来寻求帮助。

√ F2 键——CAD 的命令文本窗口开启键。

√ F3 键——"对象捕捉"开关键。

√ F6 键——"允许/禁止动态 UCS"开关键。

√ F7 键——"栅格"开关键。

√ F8 键——"正交"开关键。

√ F9 键——"捕捉"开关键。

√ F10 键——"极轴"开关键。

√ F11 键——"对象捕捉追踪"开关键。

√ F12 键——"动态输入"开关键。

√ Enter 键——可执行命令，重复执行上一次命令，或在命令执行过程中，终止某一操作步骤，接着进行下一操作步骤。

√ 空格键——功能基本等同于 Enter 键，对于键盘操作来说，空格键较为顺手。

1.4　AutoCAD2018 基本设置

在学习后面的知识之前，我们必须先明确几个基本概念，"坐标系""模型空间""图纸空间""图层"和"图形界限"等，在其他概念和操作的讲解中将会经常用到这几个名词。

1.4.1　模型空间和图纸空间

AutoCAD 中有两个工作空间，分别是模型空间和图纸空间。

（1）模型空间

模型空间就是平常绘制图形的区域，它具有无限大的图形区域，模型空间是建立模型所处的 AutoCAD 环境，就好像一张无限大的绘图纸，我们可以按 1∶1 的比例绘制主要图形，即在模型选项卡中按照实物的实际尺寸绘制图形。可以说，模型空间是设计空间。

（2）图纸空间

在图纸空间上，可以布置模型选项卡上绘制的平面图形或三维模型的多个"快照"，即"视口"，并调用 AutoCAD 自带的已有尺寸的图纸和已有的各种图框。一个布局就代表一张虚拟的图纸，这个布局的环境就是图纸空间。可以说，图纸是表现空间，如图 1-4-1-1 所示。

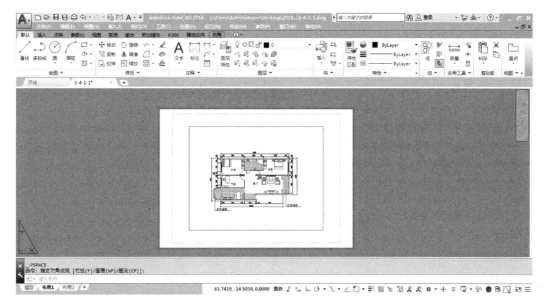

图 1-4-1-1　图纸空间

（3）布局

AutoCAD 窗口提供两个并行的工作环境，即"模型"选项卡和"布局"选项卡。可以理解为，模型选项卡就处于模型空间下，布局选项卡就处于图纸空间下，这只不过是一样东西的两种叫法。

运行 AutoCAD 软件后，默认情况，图形窗口底部有一个"模型"选项卡和两个"布局"选项卡，如图 1-4-1-2 所示。

图 1-4-1-2　"模型"和"布局"选项卡

在布局空间中可以创建并放置多个"视口"，还可以另外再添加标注、标题栏或其他几何图形，通过视口来显示模型空间下绘制的图形，每个视口都能以指定的比例显示模型空间的图形。

一般默认状态为模型空间，如果需要转换到图纸空间，只要点击相应的布局选项卡即可。通过点击选项卡可以方便地在模型空间和图纸空间之间切换。另外，布局还可以创建多个并自行取名，每个布局都可以包含不同的打印设置和图纸尺寸。

AutoCAD 软件的开发者之所以设计模型空间和图纸空间，其目的就是便于使用者在模型空间中设计图形，而在图纸空间中进行打印准备并输出图形。

实际工作中，一般的室内和家具制图，在不涉及三维制图、三维标注和出图的情况下，不需要打印多个视口，这样，创建和编辑图形的大部分工作都是在模型空间中完成的。并且，也可以直接从"模型"选项卡中打印出图。

小贴士：	什么是科学的制图步骤呢？

一般来说，正确的制图及最后输出的过程应该是：

√ 在"模型"选项卡上创建图形。

√ 配置打印设备。

√ 创建布局选项卡。

√ 指定布局页面设置，如打印设备、图纸尺寸、打印区域、打印比例和图形方向。

√ 将标题栏插入布局中（除非使用已具有标题栏的样板图形）。

√ 创建布局视口并将其置于布局中。

√ 设置布局视口的视图比例。

√ 根据需要，在布局中添加标注、注释或创建几何图形。

√ 打印布局。

1.4.2 图形界限

"图形界限"可以理解为模型空间中的一个看不见的矩形框，在 XY 平面内表示能绘图的区域范围，但是图形不能在 Z 轴方向上定义界限。

我们可以通过以下方法调用"图形界限"命令：

单击"格式"菜单选项中的"图形界限"命令；

或者在命令行输入"Limits"命令。

运行命令后，命令行提示：

指定左下角点或 [开（ON）/关（OFF）]<0.0000，0.0000>：（鼠标在绘图区单击或者在键盘输入坐标以指定左下角点；通常情况下我们会将系统默认的 0，0 作为原点，直接回车确认即可。）

指定右上角点<420.0000，297.0000>：（根据实际需要指定右上角点的坐标。）

在 AutoCAD2018 中可以打开"动态输入"，直接在动态输入的对话框中输入左下角点和右上角点的坐标，以设置图形界限。

需要注意的是，默认条件下，设置完两个角点后，图形界限是关闭的，就是说图形界限检查不起作用，用户还是可以输入图形界限限制之外的点。只有运行"Limits"命令后在提示后输入 ON，开启界限检查，图形界限的限制才发生作用。这时如果试图输入限制以外的点，命令行将会提示："＊＊超出图形界限"。

小贴士：	如何查看图形界限？

　　想要直观地查看设置的图形界限，有一个简单的办法。因为图形界限将决定能否显示栅格的绘图区域。不论输入"Limits"命令后，设置为 ON 还是 OFF，开启栅格显示后，都将只能在图形界限设置值的范围内显示栅格点。所以可以在屏幕底部单击"栅格显示"按钮（或按 F7），在设置中将"显示超出界限的栅格"取消，如图 1-4-2-1 所示。栅格显示的区域就是图形界限的区域，如图 1-4-2-2 所示。

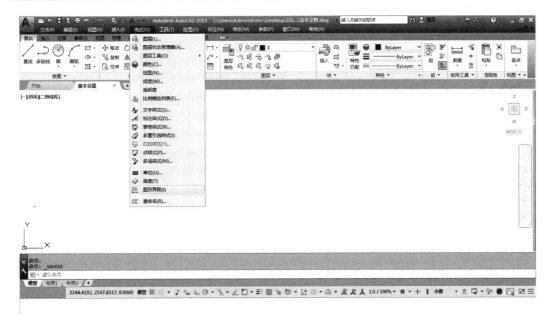

图 1-4-2-1　取消超出界限的栅格

图 1-4-2-2　开启栅格表示图形界限

1.4.3　设置单位、角度和比例

（1）设置单位格式和角度

在 AutoCAD 中，我们可以采用 1：1 的比例来绘制图形，也就是按照图形的实际尺寸绘制，因此在绘制前就要选择正确的单位。一般国内习惯使用公制，在建筑和室内及家具行业，一般精确度要求达到 1 毫米（mm）。

在 AutoCAD2018 中，设置单位格式与精度的步骤如下：

在应用程序菜单中选择"图形实用工具"，然后选择"单位"命令，或在命令行输入"UNITS"，则会弹出"图形单位"对话框，可以来设置绘图时的长度单位、角度单位，以及单位的格式和精度等，如图 1-4-3-1 所示。

图 1-4-3-1 选择应用程序菜单重点的"单位"命令

　　在"长度"框中的下拉菜单内选择长度类型和精度，我们一般选择"小数"，精度为 0。在"角度"框中的下拉菜单内选择角度类型、精度和方向。

　　点击 方向(D)... 弹出"方向控制"对话框，如图 1-4-3-2 所示，默认起点角度为 0°，朝向 3 点钟方向为正方向（正东），并且默认情况下，角度以逆时针方向为正方向。"输出样例"区域显示了当前精度下的此单位格式的样例。选择"确定"完成设置（如图 1-4-3-3）。

图 1-4-3-2 "图形单位"对话框

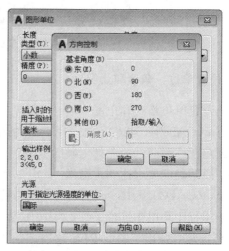

图 1-4-3-3 "方向控制"对话框

（2）设置绘图比例

绘图比例和最终打印出图时的输出比例息息相关，没有接触过 AutoCAD 的新手可以先跳过此章节，或者只是粗略了解，学习过基本绘图的各种操作后，在需要打印出图时再仔细地研究这个比例。

绘图比例就是图纸距离与实际距离的比值（图纸上绘制的对象的尺寸与图形所表示的对象的实际尺寸的比值）。例如，在建筑图形中每一毫米可能表示房间平面布置图的一米，这时的比例就是 1∶1000。

传统的手工制图使用铅笔或者针管笔在纸上绘图，一般是在画图之前根据图纸大小和要画的图形的大小先确定比例，以使图形布满图纸并且美观。而在 AutoCAD 中，矢量图形在屏幕上显示的时候是可以无限放大或缩小的，也就是说在屏幕上既可以放大显示出城市里一粒微尘的显微结构，也可以缩小显示整个城市的地图，这就为绘图提供了极大的便利。因为，只要按照物体实际的尺寸在电脑中绘制，最终打印输出时再控制打印机输出的比例，就可以得到各种精确比例的图纸。

也就是说，在图形绘制阶段，根本不用像在纸上画图一样，先计算出实际尺寸需要用图纸上的多少来表示后再画图，直接按照实际尺寸绘制即可。

但是，对于以下对象需要特殊处理：

√ 在模型空间中绘制的文字；

√ 在模型空间中绘制的标注；

√ 非连续线型；

√ 填充图案；

√ 在布局视口中的视图。

这些对象和直接绘制的图形不同，在打印出图前则必须缩放这些元素以确保在最终的图纸上得到它们的正确尺寸。

就是说图形是按照 1∶1 的实际尺寸绘制，但是以上对象必须应用正确的比例因子才能保证在屏幕显示和图纸上都得到正确的尺寸关系。

如果计划从"模型空间"打印图形并输出到图纸，就应该通过将图形比例转换为比例 1∶n 的形式计算出精确的比例因子，并将这个比例因子应用于以上 5 个对象。这个比例的意思是，1 个打印单位代表 n 个正在绘制对象的实际尺寸的图形单位。

例如，按照实际尺寸在 AutoCAD 中绘图，如果出图比例为 1∶100，即打印出的图纸上的 1mm 代表实际距离 100mm，那么比例因子就为 100。在上面 5 个对象比例因子的设置中，应该设置为 100。

以文字为例，按照建筑制图的国家标准，打印出的 A3 图纸上的尺寸标注的数字高度应为 3mm，如果默认比例因子为 1，就需要在输入文字时，控制文字的高度为 300 个单位高，这样在打印输出时选择 1∶100 的输出比例才能保证图纸上的文字高 3mm。

而如上述方法将输入文字的高度设定为：文字高度＝图纸要求高度×比例因子。这只是一种办法，但并不是最简便的方法，这导致了其他对象（如非连续线型）的相对关系也需要更改。简便的方法就是：按照国标，确定文字高度为 3mm，输入文字时，指定文字高度也为 3 个单位高，但是，控制文字的比例因子为 100，这样 1∶100 的出图比例就方便地得到了。

应用比例因子的方便之处还在于，如果需要输出 1：50 的图纸，只要把比例因子改为 50 即可。而设置好文字高度、标注尺寸、非连续线型、填充图案和视口的比例因子后，对完成的图形，可以通过简单的调整比例因子就实现按任何比例打印图纸，或者按照不同的比例打印模型的不同视图的目的。

总结一下，应该这样控制：

文字：创建文字时设置文字高度或在文字样式中设置固定的文字高度，在模型空间内的文字，高度应按比例因子增大，或者保持实际尺寸而更改比例因子。若直接在布局空间上创建的文字应设置为真实大小（1：1）。

标注：在标注样式中设置标注比例。直接在布局上创建的标注应设置为真实大小（1：1）。

线型：对于从模型选项卡（模型空间）打印的对象，应该使用 CELTSCALE 和 LTSCALE 系统变量设置非连续线型的比例。对于从布局选项卡（图纸空间）打印的对象，应该使用 PSLTSCALE 系统变量进行设置。

填充图案：在"边界图案填充"对话框和"填充"对话框（BHATCH）中设置填充图案比例。

视图：从布局选项卡（图纸空间）打印时，需要使用 ZOOM XP 命令，其中 XP 是视图相对于图纸尺寸的比例（比例因子的倒数）。

由于比例的概念过于抽象，难于弄清，初学者可以先作一般理解，在文字、标注、线型、填充图案、视图和打印出图的章节中还会结合例子详细讲解。

1.4.4 坐标系

这一节将介绍坐标系、世界坐标系（WCS）、用户坐标系（UCS）、绝对直角坐标、相对直角坐标、绝对极坐标和相对极坐标的概念和设置。

坐标系用来定位物体的绝对位置和相对位置。在 AutoCAD 中，针对定制对象的不同，分为世界坐标系（WCS）和用户坐标系（UCS）。按照坐标参考点的不同可以分为绝对坐标系和相对坐标系；按照坐标轴的不同，可以分为直角坐标系、极坐标系、球坐标系、柱坐标系。后两者主要用于三维实体的绘制。恰当地选择使用各种坐标系，对提高绘图效率至关重要。本章节主要讲解世界坐标系、用户坐标系、直角坐标系和极坐标系。

（1）世界坐标系（WCS）

世界坐标系 WCS 是 AutoCAD2018 的默认设置，存在于每一个图形文件之中，是固定不变无法更改的坐标系。在 WCS 中，原点是图形左下角 X 轴和 Y 轴的交点（0，0），X 轴是水平的，Y 轴是垂直的，Z 轴垂直于 XY 平面，指向显示屏幕的外面。

（2）用户坐标系（UCS）

在 AutoCAD 中我们经常需要修改坐标系的原点和方向，即把世界坐标系转变为用户坐标系。UCS 是可移动和旋转的坐标系。实际上所有的坐标输入都使用当前的 UCS，或者说，只要是用户正在使用的坐标系，都可以称为用户坐标系即 UCS。

小贴士：	如何移动坐标原点？

　　在作图时，有时需要新建坐标原点，这样在接下来绘制时就可以从零开始，使计算简单化，这时可以在命令行输入"UCS"然后按下空格或 Enter，就可以重新指定 UCS 原点，可以用鼠标将新的 UCS 原点移动到想要的地方。这是一种方便绘图的好方法，使处理图形的特定部分变得更加容易。

　　（3）绝对直角坐标

　　直角坐标系就是通过指定坐标原点（0，0）和通过原点的两条相互垂直的有方向的直线为坐标轴，一个点的坐标就是指这个点相对于坐标原点的坐标值，也就是这个点距离 X 轴、Y 轴的距离。一般表达的方式为（x，y），例如：点（5，4）表示这个点在 X 轴正方向上距离原点 5 个单位，在 Y 轴正方向上距离原点 4 个单位的点的坐标值，如图 1-4-4-1 所示。

　　（4）相对直角坐标

　　一个点的相对直角坐标值即指其相对于非原点的点的相对值。在 AutoCAD2018 中，相对坐标表示的是一个即将画出的新点相对于最近一次操作的点的坐标，其表示方法为（@x，y）。例如：一个点的绝对直角坐标值为（4，3），那么这个点相对于点（5，4）的相对直角坐标为（@-1，-1）。相对直角坐标的采用可以方便绘图时坐标值的计算。接着上一个例子的操作，如果要画点（4，3），可以直接输入（4，3），也可以输入相对坐标（@-1，-1），如图 1-4-4-2 所示。

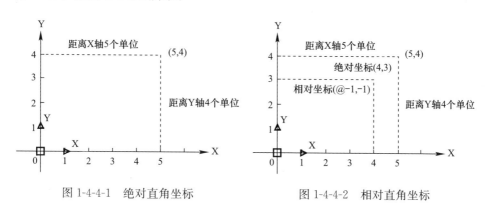

图 1-4-4-1　绝对直角坐标　　　　　　　　图 1-4-4-2　相对直角坐标

　　需要注意的是，输入相对坐标一定要弄清楚是相对于谁的坐标，即最近一次操作过的点。

　　（5）绝对极坐标和相对极坐标

　　绝对极坐标是通过指定点距离原点的距离和角度来确定点的位置。原点向右的水平方向为距离的正方向，逆时针旋转方向为角度的正方向。其表示方法为"（P＜r）"，即"（距离值＜角度值）"，中间用小于号（英文输入法状态下，键盘上逗号上面的符号）来间隔。

　　相对极坐标就是指点相对于最近一次操作结束时的点的极坐标值。用"（@P＜r）"表示。例如：利用极坐标作点 A（200＜30）后，利用相对坐标作点 B（@200，15），这样一个边长为 200，顶角为 165°的等腰三角形△OAB 便轻易地得到了。可以看到 B 点是以 A 点为相

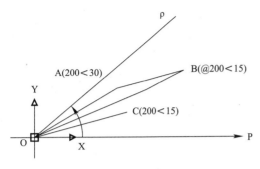

图 1-4-4-3　绝对极坐标和相对极坐标

对点，距离 A 点 200 个单位，以 A 点水平向右为正方向逆时针旋转 15°得到的。如果在输入 B 点坐标时忘记输入相对坐标的标识符@，将得到点 C（200＜15）即距离原点 200 个单位，从水平向右为正方向逆时针方向旋转 15°。需要注意的是：不论是相对极坐标还是绝对极坐标，其角度都是从相对点（绝对坐标可以把原点看作相对点）水平向右为正方向逆时针开始计算的，如图 1-4-4-3 所示。

（6）坐标值的显示

AutoCAD 在窗口底部的状态栏中以坐标形式显示当前光标的位置，如图 1-4-4-4 所示。有三种坐标显示的类型：

√ 移动光标时，动态显示会更新 X、Y 坐标位置，如图 1-4-4-4 所示。

3599.2185, 299.2948, 0.0000　模型

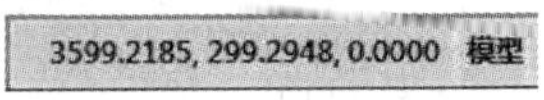

图 1-4-4-4　坐标的显示（1）

√ 移动光标时，距离和角度显示会更新相对距离（距离＜角度）。此选项只有在绘制需要输入多个点的直线或其他对象时才可用。例如：画直线，输入第一点坐标后，在指定第二点坐标之前，如图 1-4-4-5 所示。

√ 在指定点时，静态显示才会更新 X、Y 坐标位置。这时，坐标值显示状态栏变为灰色，只有在指定了新的点的坐标的时候，数值才会更新为新点的坐标值，如图 1-4-4-6 所示。

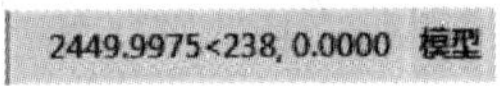

2449.9975＜238, 0.0000　模型　　　1867.1334, 356.3642, 0.0000　模型

图 1-4-4-5　坐标的显示（2） 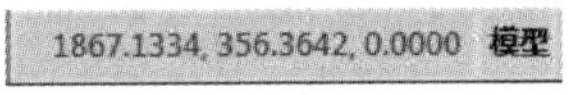　　　图 1-4-4-6　坐标的显示（3）

目前选中所有的可显示项目，状态栏如图 1-4-4-7 所示。

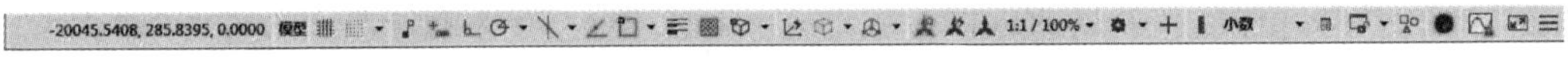

-20045.5408, 285.8395, 0.0000　模型　　　　　1:1/100%　　　小数

图 1-4-4-7　状态栏显示内容

1.4.5　图层

这一节将主要介绍 AutoCAD2018 的图层管理器，其中涉及颜色、线型、线宽，以及这些概念的相关知识。

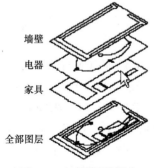

墙壁
电器
家具
全部图层

图 1-4-5-1　图层的概念

（1）图层的概念

图层就像是透明的硫酸纸，每张图纸上有不同的内容，重叠在一起构成完整的一张图。使用图层可以很好地组织不同类型的图形信息。比如，不同的图层可以具有不同的线宽、线型和颜色，也可以把尺寸标注、文字注释等设置到单独的图层以便于编辑。然后通过控制图层是否可见、是否可编辑以及打印样式等特性来控制该图层上的图形，如图 1-4-5-1 所示。

（2）图层特性管理器

在功能区选择"常用"选项卡，打开"图层"面板，单击

图层特性按钮 或在命令行输入：layer。

执行命令后，弹出"图层特性管理器"，如图 1-4-5-2 所示。

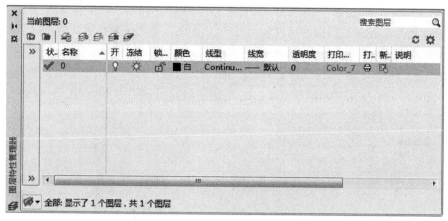

图 1-4-5-2　图层特性管理器

在"图层特性管理器"中，我们可以进行以下内容的设置：

√ 新建图层

在"图层特性管理器"中，点击"新建图层"按钮 ，可以创建新的图层，新图层自动显蓝色，此时可以输入图层名称（如图 1-4-5-3），最长可以使用 255 个字符的字母或数字命名，再次点击"新建图层"按钮或直接回车，则再次创建新的图层，新建的图层自动继承上一层的特性，如颜色、线型、线宽、打印样式等。

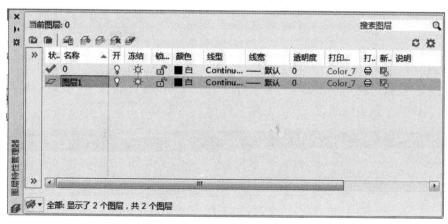

图 1-4-5-3　新建图层

√ 删除图层

选中图层后，点击"删除图层"按钮 来删除图层，但是被设置为当前的图层和 0 图层无法删除。0 图层是预设置的图层，它保证图形至少有一个基本图层。

√ 设置当前图层

图层有两种，当前层和非当前层，一个文件只能有一个当前层。单击任一图层，选中显蓝色后，可以点击"置为当前"按钮 ，把它作为即将要进行操作的图层，也可以在"图层工具栏"的下拉菜单中选中这一图层或者双击选定的图层以达到同样目的，但是依赖外部参照和已经被冻结的图层无法被置为当前。将某一图层设置为当前图层后，任何随后创建的对象都与这一新的当前图层相关联并使用其颜色和线型。

√ 新建特性过滤器

单击"新建特性过滤器"按钮 ▣（快捷键：Alt＋P），弹出"图层过滤器特性"对话框，如图 1-4-5-4 所示。在该对话框中可以利用各个图层的不同状态来控制其是否显示在图层特性管理器中，如：可以显示所有未锁定的图层，或显示所有颜色为红色的图层等。还可以通过过滤器迅速找到具备某相关特性的所需要的图层。这对于操作图层很多很复杂的图形是很方便的。设置好后，单击"确定"按钮，在"图层特性管理器"中就增加了一个过滤器。

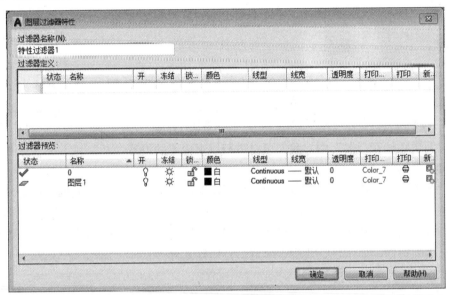

图 1-4-5-4 "图层过滤器特性"对话框

√ 新建组过滤器

单击"新建组过滤器"按钮 ▣（快捷键：Alt＋G），就会增加一个新组，如图 1-4-5-5 所示。可以在这个新组中新建图层，并对其进行各个属性的设置。

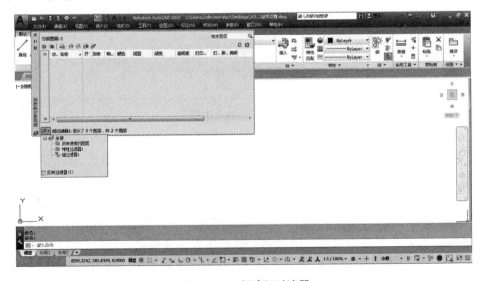

图 1-4-5-5 新建组过滤器

√ 图层状态管理器

单击"图层状态管理器"按钮 ▩ （快捷键：Alt＋S），弹出"图层状态管理器"对话框，如图 1-4-5-6 所示。单击"新建"，弹出"要保存的新图层状态"对话框，如图 1-4-5-7 所示。在"新图层状态名"处输入名称，确定后就可以对图层的状态进行设定。该功能可以保存图形的当前图层设置，以后可以恢复此设置。在对话框中可以选择需要保存的图层状态（包括图层是否打开、冻结、锁定、打印等）和图层特性（包括颜色、线型、线宽和打印样式）。

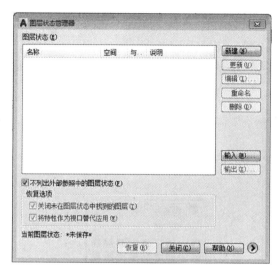

图 1-4-5-6　"图层状态管理器"对话框　　　　图 1-4-5-7　"要保存的新图层状态"对话框

（3）图层特性和状态的控制

在选定图层的图层名上点击，使其反显，则可以编辑图层名称。图层的名称将按照英文字母的顺序排列。

√ 开关图层

单击黄色灯泡♀使其变为蓝色灯泡♀则图层被关闭。当再次打开图层时，图层上的对象将自动重新显示。关闭当前图层时，系统会出现带有警告消息的对话框。

√ 冻结和解冻图层

单击黄色太阳☼使其变为蓝色雪花❀，则图层被冻结。可以通过解冻来重新显示冻结的图层。注意：不能冻结当前图层，也不能将冻结图层改为当前层。

关闭或冻结图层后，这一图层的图形将不再显示在绘图区域，而且也不能打印输出。两者的不同之处就是冻结的对象不参加图形处理过程中的运算，而关闭的图层则要参加，因此在比较复杂的图形中冻结暂时不需要的图层，可以加快系统重新生成的速度。

√ 锁定/解锁图层

单击蓝色打开的锁头 🔓 使其变为黄色锁上的锁头 🔒，则图层被锁定。锁定图层后，图层上的对象都不可以修改，除非解锁该图层。如果不希望图层上的内容被以后的操作影响，锁定图层可以防止这样的误操作。同时锁定图层上的对象仍然可以使用对象捕捉，并且可以执行除修改对象外的其他操作。

√ 打印控制

点击打印机图标 🖶，使其变为 🖨 的样子，则该图层在打印时不输出到图纸，也就是说，在打印出来的图纸上将看不到这一图层的内容。

（4）设置图层颜色

在颜色前的小色块上点击，就可以弹出"选择颜色"对话框，或在命令行输入：color。实现对该图层上对象默认的初始颜色的控制。

在对话框中可以使用 AutoCAD 颜色索引或者真彩色以及其他配色系统来选择颜色，如图 1-4-5-8 所示。

如果"特性"面板上的"颜色"控件设置为 ByLayer，即颜色随层，那么新建对象的颜色就取决于图层特性管理器中此图层的颜色设置，如图 1-4-5-9 所示。如果用户需要该图层上的对象具有不同于默认的图层颜色，可以在对象特性工具栏的颜色特性下拉框中选择其他颜色。

图 1-4-5-8 "选择颜色"对话框

图 1-4-5-9 "颜色"设置为 ByLayer

（5）设置图层线型

线型是由线、点和空格组成的图样，可以通过图层指定对象的线型，也可以不依赖图层为对象指定其他线型。注意：这里所说的线型不包括以下对象的线型：文字、点、视口、图案填充和块。

在"图层特性管理器"中线型列的默认的"Continuous"上点击，就可以弹出"选择线型"对话框（如图 1-4-5-10），在对话框中默认只有 Continuous（实线）一种线型，如果需要虚线、中心线等其他线型则需要额外"加载"。在选择线型对话框中选择此图层所需要使用的线型使其显蓝色，然后确定。

点击 加载(L)... ，弹出"加载或重载线型"对话框，如图 1-4-5-11 所示，用户可以选择需要的线型。选择时可以配合 Ctrl 和 Shift 键实现多种线型的一次性选择。

（6）设置线宽

在"图层特性管理器"中"线宽"列中单击某一图层对应的线宽，就弹出"线宽"对话框。在线宽对话框中选择需要使用的线宽，然后确定即可，如图 1-4-5-12 所示。

图 1-4-5-10　"选择线型"对话框

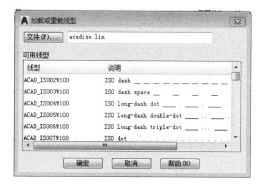

图 1-4-5-11　"加载或重载线型"对话框

图 1-4-5-12　"线宽"对话框

AutoCAD2018 支持从 0.00mm 到 2.11mm 的线宽选择。在建筑、室内及家具设计行业内都有自己的制图规范，其中规定了各种线型所指定使用的线宽。这里的线宽是指在打印输出图纸时，图纸上线条的宽度。

在模型空间中，线宽以像素显示，并且在缩放时不发生变化。如果觉得线宽度不够，可以使用多段线，可以对线宽自由设定。例如，如果要绘制一个实际宽度为 5 厘米的对象，就不能使用线宽而应该用宽度为 5 厘米的多段线表现对象。

线宽的显示在模型空间和图纸空间布局中是不同的。在模型空间中，0 值的线宽显示为一个像素，其他线宽使用与其真实单位值成比例的像素宽度。而在图纸空间布局中，线宽以实际打印宽度显示。

在模型空间中显示的线宽是不随缩放比例因子变化的。例如，无论如何放大，以四个像素的宽度表现的线宽值总是用四个像素显示。要想使对象的线宽在模型选项卡上显示得更大些或更小些，就需要使用线宽设置它们的显示比例（显示比例的更改并不影响线宽的打印值）。

在布局和打印预览中，线宽是以实际单位显示的，并且随缩放比例因子而变化。可以通过"打印"对话框的"打印设置"选项卡来控制图形中的线宽打印和缩放。

在图纸空间布局中，可以通过单击状态栏上的"线宽"打开或关闭线宽的显示。此设置不影响线宽打印。

当然一些简单的命令也可以直接在图层面板中操作完成。

图层常用功能：

√ 切换当前图层

先选择想在指定的图层进行操作，之后点击"将对象的图层置为当前"的图标![icon]，就可以方便地在此图层上进行针对此图层的操作，之后所创建的对象自动继承此图层的各种特性。

√ 放弃图层设置

如果对图层进行若干设置后想放弃之前所做的一系列操作，回到一开始的图层设置状态，可以点击"上一个图层"图标![icon]，放弃对图层设置所做的更改。

√ 改变对象所在图层

在绘图中想转换已经画好的图形的图层，可以先选中想要移动的图形，然后在"图层"面板的"图层"下拉列表中选择要移动到的图层。

√ 转换图层

在"图层转换器"中，可在当前图形中指定要转换的图层及要转换到的图层，方法是切至"管理"选项卡，选择"CAD 标准"面板中的"图层转换器"按钮![icon]，在弹出的对话框中点击"新建"按钮，如图 1-4-5-13 所示，在弹出的"新图层"对话框中设置新图层名称，如图 1-4-5-14 所示，单击确定后返回"图层转换器"对话框，在"转换自"列表中指定在当前图形中要转换的图层，然后再指定转换为的图层，单击"映射"按钮，将"转换自"的图层映射到"转换为"的新图层，单击"保存"，选定指定路径，最后点击"转换"按钮，图层即可转换。

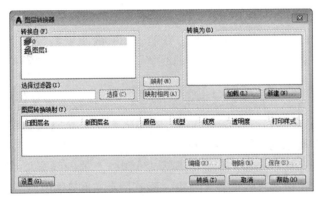

图 1-4-5-13 "图层转换器"对话框

图 1-4-5-14 "新图层"对话框

1.4.6 图形的缩放与平移

缩放和平移：

（1）图形的缩放

在 AutoCAD 的绘图过程中，有时会希望改变图形在屏幕中显示的大小，比如要观察图形的某个细节或查看图形的整体效果，这就需要对图形的显示进行放大或缩小。我们经常使用鼠标滚轮控制绘图界面的显示，其他缩放工具可以在"视图"选项卡的"二维导航"面板的"缩放"下拉列表中进行浏览和使用，AutoCAD2018 也可以使用右侧的导航栏进行缩放，如图 1-4-6-1 和图 1-4-6-2 所示。这里讲的缩放类似于使用相机进行缩放，使用 ZOOM 不会改变图形中对象的绝对大小，仅更改视图的比例。

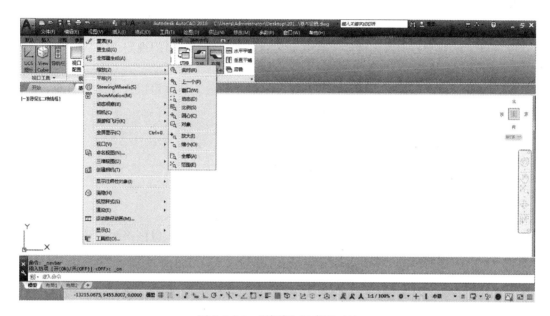

图 1-4-6-1　"缩放"示意图（1）

在"视图"选项卡的"二维导航"面板的"缩放"下拉菜单中共有 11 个缩放按钮，分别是：

√ 实时缩放

放大或缩小显示当前视口中对象的外观尺寸，使用实时缩放时，光标会变为放大镜符号，当按住鼠标左键拖动光标时，图形的大小也随之改变。向上拖动，则图形放大，反之向下拖动，则图形缩小。释放鼠标按钮后缩放停止。

√ 上一个缩放

图 1-4-6-2　"缩放"
示意图（2）

缩放显示上一个视图。最多可恢复此前的 10 个视图。如果更改了视觉样式，也将更改视图。如果输入 ZOOM Previous，将恢复上一个不同着色的视图，而不是不同缩放的视图。

√ 窗口缩放

缩放以显示由矩形窗口指定的区域。通过在屏幕上拾取两个对角点来确定一个矩形窗口，此时在矩形中的图形将会被放大到整个屏幕。

√ 动态缩放

在动态缩放模式中，屏幕上会显示一个中心带"×"的矩形方框，且当鼠标移动时，这个矩形框也会随着一起移动，确定位置后单击鼠标左键，"×"会消失，而矩形的右边框处又会出现一个箭头，拖动鼠标可以改变窗口的大小。选择好后，按回车键结束，刚才选中的图形就被放大了。

√ 比例缩放

以一定的比例来缩放图形，当单击该工具按钮时，命令行会提示输入比例因子，输入比例因子（nX 或 nXP）：当输入的数字大于 1 时放大图形，等于 1 时显示整个图形，小于 1 时则缩小图形。

√ 圆心缩放

缩放以显示有中心点及比例值或高度定义的视图，来显示新的视图。

√ 缩放对象

执行该命令时，光标变为选取框，选择要缩放的对象，一次可以选择多个对象，确定后被选定的对象将重新显示，覆盖到整个绘图区域。

√ 放大命令

使用比例因子 2 进行缩放，增大当前视图的比例。

√ 缩小命令

使用比例因子 2 进行缩放，减小当前视图的比例。

√ 全部缩放

全部缩放可以显示整个图形中的所有对象，在平面视图中，以图形界限或当前图形范围为显示边界缩放图形。

√ 范围缩放

缩放以显示所有对象的最大范围。可以通过放大和缩小操作改变视图比例，此时图形中的所有对象最大化地显示在屏幕上，不考虑图形界限的影响，如图 1-4-6-3、图 1-4-6-4、图 1-4-6-5 所示。

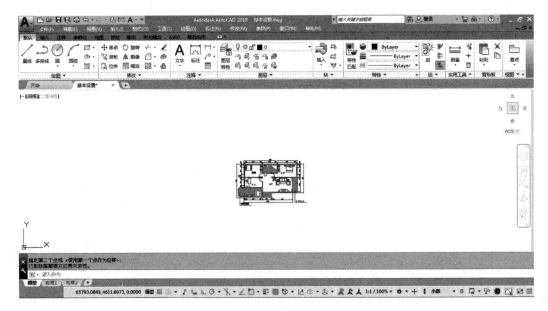

图 1-4-6-3　图形占窗口比例过小

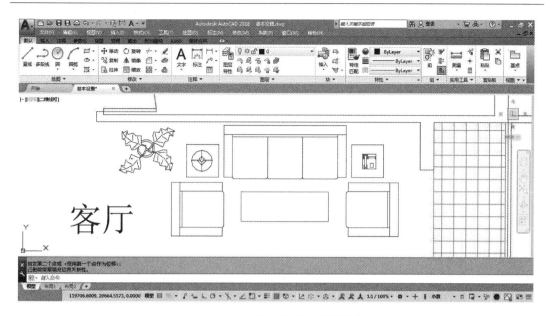

图 1-4-6-4　窗口只显示部分图形

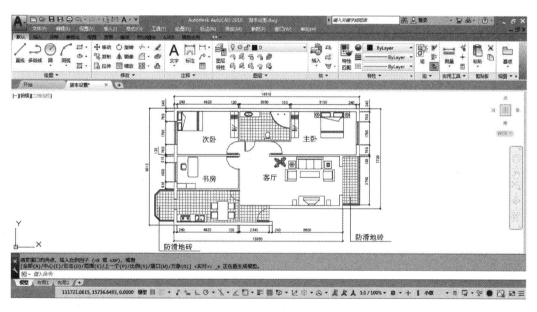

图 1-4-6-5　范围缩放后全部图形显示

（2）图形的平移

使用"平移"，可以将视图重新定位，以便能看清需要观察或修改的部位。

使用"平移"可以有以下方法：按住鼠标滚轮，在导航栏单击平移按钮，或在命令行输入 Pan。

进入"实时平移"模式后，鼠标变成一只小手的形状，按住鼠标左键拖动，可以移动图形的位置，释放鼠标左键，返回到等待状态，按回车键或是在右键都可以弹出快捷菜单，可以选择退出结束实时平移命令，也可以切换到其他缩放选项，如图 1-4-6-6 所示。

使用"平移"命令时，要注意的是图形的显示比例不变。

图 1-4-6-6　快捷菜单

鼠标滚轮的应用：

用鼠标滚轮在 AutoCAD 操作中是十分便利的，鼠标滚轮可以进行细微的实时缩放，也可以单独使用鼠标滚轮执行平移命令。

√ 滚轮向前滚动时，会放大显示界面；

√ 滚轮向后滚动时，会缩小显示界面；

√ 双击滚轮时，会进行一次范围缩放；

√ 按住滚轮并拖拽，会平移界面；

√ 按住 Shift 键及滚轮并拖拽，会旋转界面；

√ 按住 Ctrl 键及滚轮并拖拽，会动态平移。

1.5　AutoCAD2018 基本操作

在室内或家具设计绘图工作中，基本图形的绘制、编辑、缩放、尺寸及文字标注等操作是最重要的，也是设计制图人员必须熟练掌握的。

本节将着重介绍在 AutoCAD2018 中，室内或家具设计人员必须非常熟悉的基本操作。

1.5.1　绘制图形

在 AutoCAD2018 中，所有的基本绘图命令都以图标的形式包含在"绘图"工具栏中（如图 1-5-1-1），几乎任何复杂的图形都可以通过这些工具来绘制。

（1）绘制直线

直线是基本图形中最常见的图元之一，二维线框图形基本都可由直线构成，绘制一条直线可以采用以下任意一种方法：

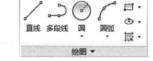

图 1-5-1-1　"绘图"工具栏

√ 在命令行或绘图区输入"L"（LINE 的缩写）命令；

√ 单击"默认"选项卡"绘图"面板中的"直线"命令按钮／。

执行上述操作之一后，用鼠标在绘图区域定下直线的起点位置，再点一下，确定直线第二点位置，然后是第三点、第四点……（如图 1-5-1-2），然后按确认键结束命令。

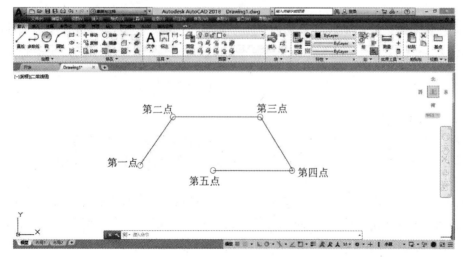

图 1-5-1-2　绘制直线

小贴士：	如何绘制水平或垂直线？

√ 点击状态栏中的 ⌐ 【正交限制光标】按钮，开启"正交"功能；

√ 点击 F8 键，开启"正交"功能。

小贴士：	直线如何精确拾取点？

绘制直线时，常常需要将起点或终点定在特殊的点上，这时就需要开启"对象捕捉"功能（如图 1-5-1-3）。

√ 点击状态栏中的 ▦ 【对象捕捉】按钮，开启"对象捕捉"功能（"对象捕捉"设置请参见本书前一章节）；

√ 点击 F3 键，开启"对象捕捉"功能。

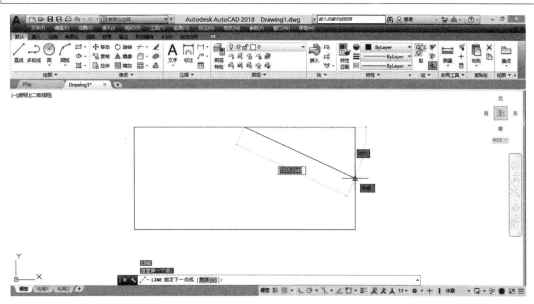

图 1-5-1-3　精确捕捉点绘制直线

小贴士：	如何确定线的长度？

绘制直线的时候，往往需要有固定长度，这时可以先定下起点的位置（"正交"打开），将光标向需要延伸的方向拉，以确定直线的方向，然后从键盘输入确切的数值，按确认键即可。连按两下确认键即可结束直线绘制命令。

例如，绘制一条长度为 2000 的水平线和长度为 500 的垂直线（如图 1-5-1-4）。

如果要绘制的是一条有固定长度的斜线，则在先确定第一点的位置之后，通过键盘输入"@2000＜45"（极坐标法，"2000"表示长度，"45"表示角度；如图 1-5-1-5 所示）。也可以打开动态输入，直接在动态输入提示栏中输入坐标值。

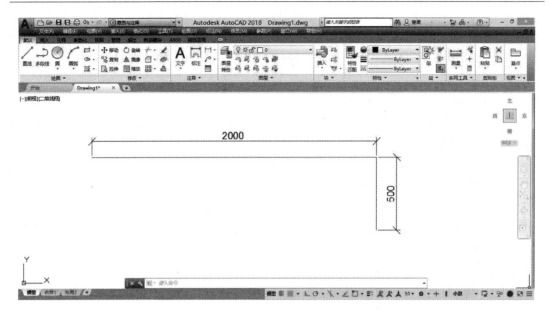

图 1-5-1-4　绘制某确定长度的线段

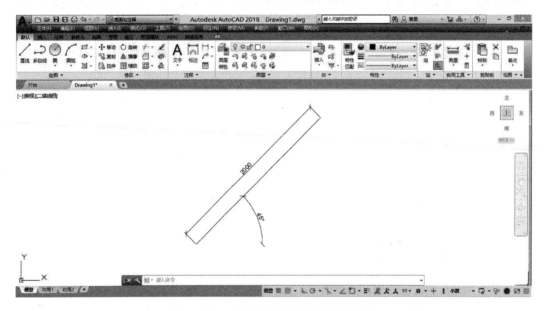

图 1-5-1-5　绘制某确定长度和角度的斜线

（2）绘制构造线

构造线就是两端都无限延长的直线，在设计制图中构造线常常作为辅助线，以下任意一种方法都可以绘制构造线：

√ 在命令行或绘图区输入"XL"（XLINE 的缩写）命令；

√ 单击"默认"选项卡"绘图"面板中"绘图"下拉菜单中的构造线命令按钮 ✕。

命令行提示：指定点或［水平（H）/垂直（V）/角度（A）/二等分（B）/偏移（O）］：

√ 指定点，系统会以输入的第一点作为构造线通过的一个点。

√ 水平（H），通过拾取的第一点绘制水平方向的构造线。

　　√ 垂直（V），通过拾取的第一点绘制垂直方向的构造线。

　　√ 角度（A），通过拾取的第一点绘制一条成指定角度的构造线。

　　√ 二等分（B），按指定角度的定点为通过点，以指定角度的等分线为方向绘制一条构造线。

　　√ 偏移（O），以一个已有的对象为基准，已指定的距离为偏移距离，绘制与已有对象方向相同，距离该对象为偏移距离的构造线。

　　（3）绘制多段线

　　多段线是由等宽或不等宽的直线或圆弧构成的，被视为一个单独对象，也可被分解为多条独立的线段或圆弧（如图 1-5-1-6）。

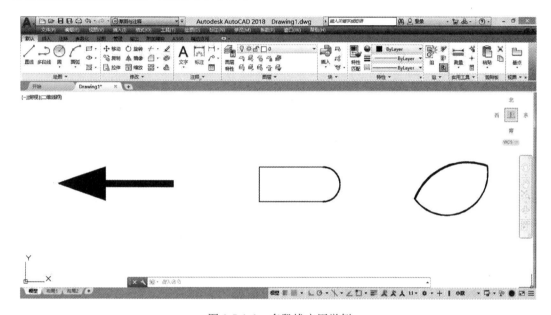

图 1-5-1-6　多段线应用举例

　　多段线可以控制线的起始宽度和终止宽度，可以在直线与弧线之间自由转换，还可以控制线的长度，是一种非常有用的绘图工具。

　　√ 在命令行或绘图区输入"PL"（PLINE 的缩写）命令；

　　√ 单击"默认"选项卡"绘图"面板中的"多段线"命令按钮⊃。

　　命令行提示：指定下一点或［圆弧（A)/半宽（H)/长度（L)/放弃（U)/宽度（W)］：

　　√ 指定下一点，系统默认选项。

　　√ 圆弧（A），将绘制直线方式转到绘制圆弧的方式，输入"A"后确认，系统会进一步提示：指定圆弧的端点或［角度（A)/圆心（CE)/方向（D)/半宽（H)/直线（L)/半径（R)/第二个点（S)/放弃（U)/宽度（W)］：

　　① 角度（A），根据圆弧包含角绘制圆弧；

　　② 圆心（CE），根据圆弧的圆心位置绘制一段圆弧；

　　③ 方向（D），绘制的圆弧在起始点处的切线方向；

　　④ 半宽（H），确定圆弧的起始半宽和终点半宽；

⑤ 直线（L），将绘制圆弧的方式转换成绘制直线；

⑥ 半径（R），根据所给的半径绘制圆弧；

⑦ 第二个点（S），根据指定的三点绘制圆弧；

⑧ 放弃（U），删除上次绘制的圆弧；

⑨ 宽度（W），确定圆弧的起点宽度和终点宽度。

√ 半宽（H），系统根据输入的数值确定多段线的半宽度。

√ 长度（L），根据指定的长度绘制多段线。

√ 放弃（U），系统删除前一次绘制的多段线。

√ 宽度（W），确定多段线的起始宽度和终点宽度。

（4）绘制正多边形

√ 在命令行或绘图区输入"POL"（POLygon 的缩写）命令；

√ 单击"默认"选项卡"绘图"面板中的"矩形"下拉菜单中的"多边形"命令按钮⬡。

命令行提示："输入边的数目<4>（默认值是 4）："（可输入多边形的边数，后确认）。

命令行提示："指定多边形的中心点或［边（E）]："（在绘图区域指定中心点或输入边长）。

命令行提示："若选择指定中心点则提示：输入选项［内切于圆（I）/外接于圆（C）]<I>："（选择内切或是外接，如图 1-5-1-7 所示）。

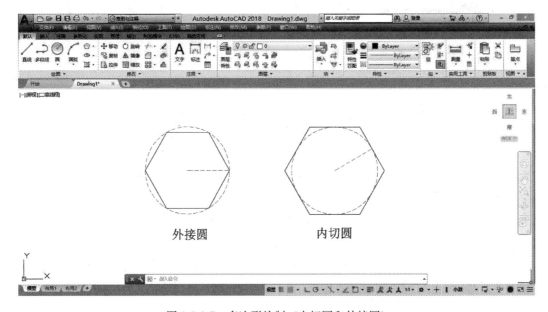

图 1-5-1-7　多边形绘制（内切圆和外接圆）

若选择输入边长，则直接按照提示输入边长绘制出多边形（如图 1-5-1-8）。

（5）绘制矩形

√ 在命令行或绘图区输入"REC"（Rectangle 的缩写）命令；

√ 单击"默认"选项卡"绘图"面板中的"矩形"命令按钮▭。

命令行提示：指定第一个角点或［倒角（C）/标高（E）/圆角（F）/厚度（T）/宽度（W）]；

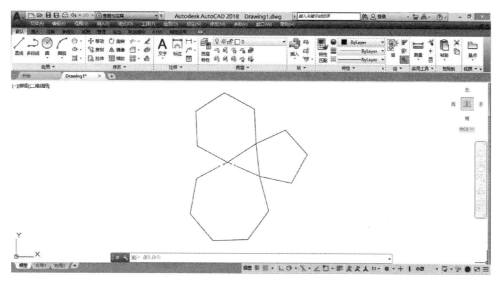

图 1-5-1-8　多边形绘制（指定边长）

指定另一个角点或［面积（A）/尺寸（D）/旋转（R）］——可以直接在绘图区用鼠标指定这个点。

可以用键盘输入指定点的 XY 坐标值，中间用"，"隔开；

可以用键盘输入指定点相对于第一点的 XY 相对坐标值，前面加上"@"符号，中间用"，"隔开；例如：@2000，1000（即另一个角点位于第一个角点 X 方向 2000，Y 方向上 1000），如图 1-5-1-9 所示。

　　√　倒角（C）——可以设置所绘矩形的倒角。

　　√　标高（E）——可以设定矩形的高度。

　　√　圆角（F）——可以设定矩形的圆角。

　　√　厚度（T）——可以设定矩形的厚度。

　　√　宽度（W）——可以设定矩形的线条宽度。

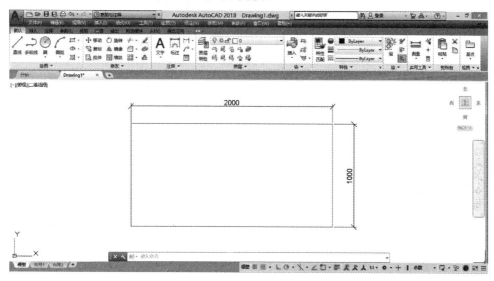

图 1-5-1-9　边长 2000×1000 的矩形

（6）绘制圆弧

室内设计平面图、施工图和家具设计图中，常常会遇到一些圆弧形处理，如开启的门扇、拱形的窗户立面、家具上的弧形拉手，等等，这些都需要用"圆弧"命令来完成。

√ 在命令行或绘图区输入"A"（Arc 的缩写）命令；

√ 单击"默认"选项卡"绘图"面板中的"圆弧" ⌒ 。

执行任一种命令后，命令行会有所提示，根据提示可以选择圆弧绘制的方法。

√ 三点法绘制圆弧——这是最常用的方法之一，只要连续在绘图区域输入三个点即可确定一个圆弧（如图 1-5-1-10）。

√ 起点、圆心、端点绘制圆弧——确定起点后，指定圆弧第二点时，在命令行输入：C，指定圆心位置，再确定圆弧终点位置（如图 1-5-1-11）。

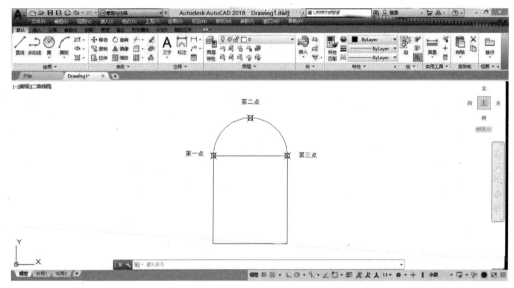

图 1-5-1-10　三点确定一条圆弧

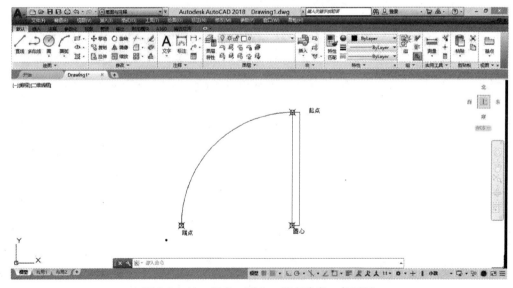

图 1-5-1-11　起点、圆心、端点确定一条圆弧

除以上两种常用的圆弧绘制方法外，还有"起点、圆心、角度"法，"起点、圆心、长度"法，"起点、端点、角度"法，"起点、端点、方向"法，等等，可以根据个人习惯或绘图时的具体情况来选择，从而方便快捷地绘制圆弧。

（7）绘制圆

圆是常用的几何图形，设计绘图也会常常用到，CAD 提供了多种绘制圆的方式：

√ 在命令行或绘图区输入"C"（Circle 的缩写）命令；

√ 单击"默认"选项卡"绘图"面板中的"圆"命令按钮 及其下拉菜单中各选项。执行任一种命令后，命令行提示：

√ 圆心、半径法绘制圆——点击 ，指定圆心后，命令行提示：指定圆的半径或［直径（D）］（输入半径值或拖动光标确定圆的大小）。

√ 圆心、直径法绘制圆——点击，指定圆心后，命令行提示："指定圆的半径或［直径（D）］＜25.0000＞："时，输入："D"，然后输入直径值（如图 1-5-1-12）。

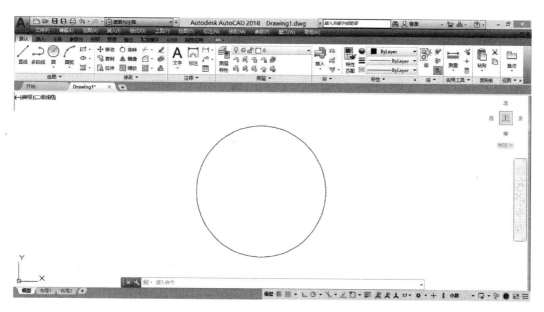

图 1-5-1-12　直径为 60 的圆

√ 两点法绘制圆——即输入直径的两个端点，确定一个圆。点击，命令行提示："circle 指定圆的圆心或［三点（3P）/两点（2P）/相切、相切、半径（T）］：_2P 指定圆直径的第一端点"确定直径的两个端点即可。

√ 三点法绘制圆——即输入三点确定一个圆。命令行提示："circle 指定圆的圆心或［三点（3P）/两点（2P）/相切、相切、半径（T）］：_3P 指定圆上的第一点"，确定圆上的三点即可。

√ 相切、相切、半径法绘制圆——即绘制的圆与两个已知对象均相切且半径一定。点击，接着确定两个切点的位置和半径（如图 1-5-1-13）。

√ 相切、相切、相切法绘制圆——即绘制与三个对象相切的圆。点击，然后点击确定三个与所绘制圆相切的对象即可。

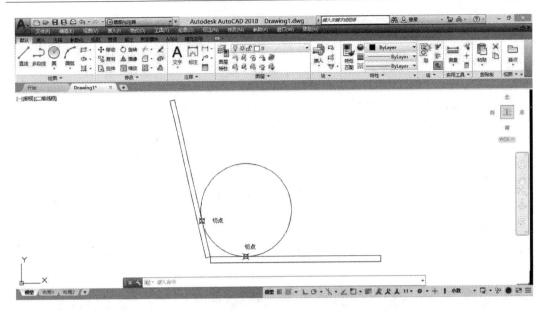

图 1-5-1-13　与两个矩形相切半径为 20 的圆

（8）绘制云线

云线是由一系列圆弧组成的多段线，绘出的图形形状好似云彩，用于在图纸检查阶段提醒用户注意图形的某个部分。

　　√ 在命令行或绘图区输入 revcloud 命令；

　　√ 单击"默认"选项卡"绘图"面板下拉菜单中的 后的下拉按钮进行多种选择：矩形修订云线 、多边形修订云线 、徒手画修订云线 ；

　　√ "最小弧长：50　最大弧长：50，指定起点或〔弧长（A）/对象（O）/样式（S）〕<对象>："。

默认情况下，系统将显示当前云线的弧长，如"最小弧长：50 最大弧长：50"。可以直接使用该弧线长度绘制云线路径，在绘图区域随意拖动鼠标即可，起点与终点重合时，云线自然封闭，该命令结束。

可以输入"A"，指定云线新的弧长，包括最小弧长和最大弧长（不能超过指定最小弧长的 3 倍），然后在绘图区拖动鼠标指定云线的起点和终点（如图 1-5-1-14）；

如果想将已知图形转换成云纹，可以在命令行提示：指定起点或〔弧长（A）/对象（O）/样式（S）〕时按回车，或输入"O"，直接在绘图区选择一个封闭图形，如矩形、多边形、圆等，命令行将提示"选择对象：反转方向〔是（Y）/否（N）〕<否>"，此时如果输入"Y"，则圆弧方向向内，如果输入"N"（或不输入，保持原默认），则圆弧方向向外（如图 1-5-1-14）。如果打开了动态输入则可以在光标后用鼠标直接选择"是"或"否"。

（9）绘制样条曲线

　　√ 在命令行或绘图区输入"SPL"（Spline 的缩写）命令；

　　√ 单击"默认"选项卡"绘图"面板下拉菜单中的"样条曲线拟合"命令按钮 或者"样条曲线控制点"。

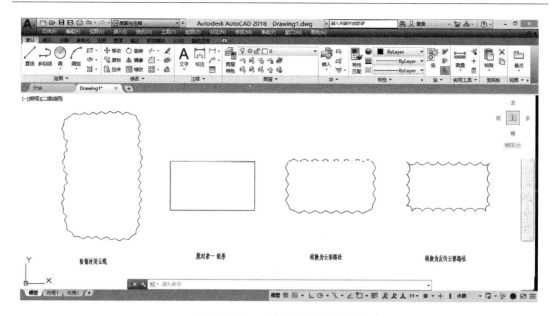

图 1-5-1-14　绘制、转换云彩路径

√ 指定下一点——确定样条曲线的第一点后，系统进一步提示指定下一点，接着可继续输入一系列点，由这些点确定一条样条曲线。

如果按回车键，系统会提示："指定起点切向："这时在起点与当前光标之间出现一条线表示样条曲线的起点切线方向，这时可以在该提示下直接输入样条曲线的起点切线方向的角度值，如果拖动鼠标则该线的起点方向线将随着光标的移动而变化，影响样条曲线的形状发生变化。

系统继续提示："指定端点切向："可以按照同样的方法确定曲线终点的切线方向，绘出相应的样条曲线。

√ 闭合（C）——即将该样条曲线闭合，输入"C"后，系统提示："指定切向："，指定切线方向后即可绘制出一条闭合的样条曲线。

√ 拟合公差（F）——设定拟合公差，系统会按照给出的拟合公差绘制样条曲线。

（10）绘制椭圆

椭圆是一种特殊的圆，有长轴和短轴之分，绘制椭圆可以用以下几种方法：

√ 在命令行或绘图区输入"EL"（Ellipse 的缩写）命令；

√ 单击"默认"选项卡"绘图"面板中的"椭圆"命令按钮 。

可根据以下两种方法绘制椭圆：

√ 轴端点法绘制椭圆——点击"椭圆"命令按钮下拉菜单中的"轴，端点"命令，根据命令行提示先确定椭圆主轴的两个端点，然后再指定短轴半径的长度，或输入"R"指定一个旋转角度。

√ 中心点法绘制椭圆——点击"椭圆"命令按钮下拉菜单中的"圆心"命令，根据命令行提示指定椭圆主轴的中心点，然后再指定主轴的端点，最后指定短轴的半径（也可以输入"R"指定一个旋转角度）。

（11）绘制椭圆弧

椭圆弧的绘图命令与椭圆的绘图命令相同，都是"Ellipse"，但命令行的提示不同。

√ 单击"默认"选项卡中"绘图"面板中"椭圆"下拉菜单中的"椭圆弧"命令按钮。

执行命令后，命令行提示："指定椭圆的轴端点或［圆弧（A）/中心点（C）］：_a"

这时的操作与绘制椭圆的过程相同，首先确定椭圆的形状。

这时命令行接着提示："指定起始角度或［参数（P）］："

√ 在绘制的椭圆上直接取点，作为弧的起始点，另取第二点作为弧的终止点。

√ 指定起始角度：在命令行输入起始点的角度，命令行显示："指定终止角度或［参数（P）/包含角度（I）］："，可以直接输入终止点的角度，也可以输入"I"，指定包含的角度（如图 1-5-1-15）。

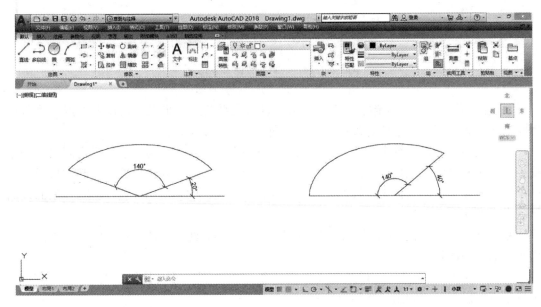

图 1-5-1-15　绘制椭圆弧

√ 参数（P）：通过指定参数的方法来确定椭圆弧。命令行提示："指定起始参数或［角度（A）］："，这时输入"A"，选择角度选项，可以切换到用角度来确定椭圆弧的方式；如果输入参数，系统将用公式 $P(n)=c+a\times\cos(n)+b\times\sin(n)$ 来计算椭圆弧的起始角。其中，n 是用户输入的参数，c 是椭圆弧的半焦距，a 和 b 分别是椭圆的长半轴与短半轴的轴长。

（12）绘制点

点在二维绘图中是非常有用的工具，绘制点可以采用以下几种方法：

√ 在命令行或绘图区输入"PO"（Point 的缩写）命令；

√ 单击"默认"选项卡"绘图"面板下拉菜单中"多点"命令按钮；

定数等分——即选择一个图形实体，输入等分数目，绘出等分点；

定距等分——即选择一个图形实体，输入等分距离的数值，绘出等分点。

小贴士：	为什么绘制出的等分点不显示？

当对一条线段进行等分时，等分点总是无法显示，因为被线挡住了（如图 1-5-1-16）。
解决方法：设置"点样式"。

在命令行或绘图区输入"ddptype"，弹出"点样式"对话框（如图 1-5-1-17）。换一种点的样式，再看那条线段（如图 1-5-1-18）。

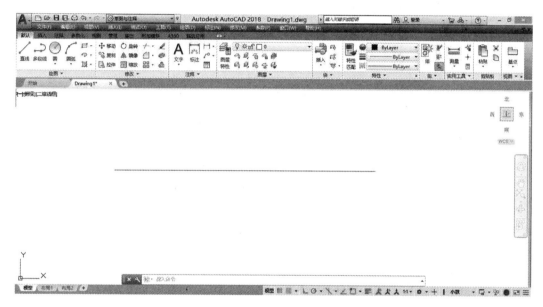

图 1-5-1-16　对线段进行了三等分，却不显示等分点

（13）图案填充

在绘图的过程中，常常有些区域需要填充，如剖面图，区域分隔等。

√ 在命令行或绘图区输入"H"（Hatch 的缩写）命令；

√ 单击"默认"选项卡"绘图"面板中的"图案填充"命令按钮；

此时会进入"图案填充创建"专用功能区上下文选项卡中（如图 1-5-1-19），在"图案填充创建"选项卡上单击"特性"面板中的"图案"后下拉按钮，在对话框中可以选择设置填充图案、实体、渐变色等。用鼠标在绘图区需填充的区域单击，确定填充边界，单击"关闭图案填充创建"则完成填充。

点击"图案"面板后的，可选择要填充的图案。

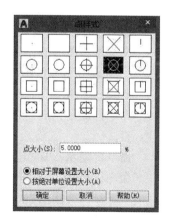

图 1-5-1-17　"点样式"对话框

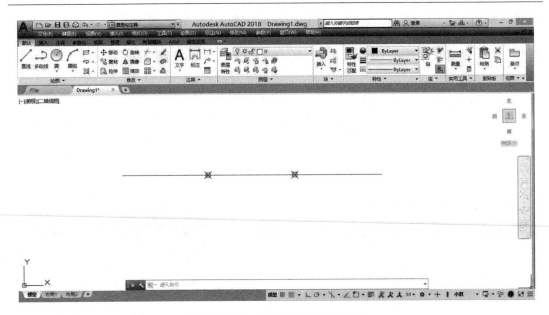

图 1-5-1-18 显示线段的三等分点

若想改变填充图案的角度，可直接更改"特性"面板中的"角度"后的数值。

若想改变填充图案的比例，可直接更改"特性"面板中"填充图案比例"后的数值。

图 1-5-1-19 "图案填充创建"对话框

（14）多行文字输入

文字作为图形的补充和说明，在 CAD 设计图中也是非常常用的。

√ 在命令行或绘图区输入"MT"（Mtext 的缩写）命令；

√ 单击"默认"选项卡"注释"面板中的文字下拉菜单中的"多行文字"命令按钮 **A**；

命令行提示："_ mtext 当前文字样式：'Standard'，当前文字高度：2.5"，注释性：否。

命令行提示："指定第一角点："（可在绘图区指定输入文本的位置）。

命令行提示："指定对角点或 [高度（H）/对正（J）/行距（L）/旋转（R）/样式（S）/宽度（W）/栏（C）]："（可以指定文字的高度，行距等属性）。

接着进入"文字编辑器"功能区，绘图区中出现闪动光标，在光标处输入文字即可（如图 1-5-1-20）。

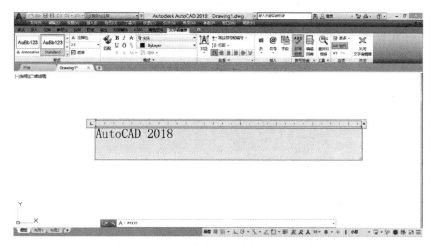

图 1-5-1-20　"多行文字编辑器"对话框

1.5.2　编辑图形

图形绘制出来难免要进行编辑和修改，AutoCAD2018 提供了多种编辑命令，利用这些命令可以节省操作步骤，加快绘图的速度。编辑命令是绘图时主要应用的工具，一般情况下，编辑命令的使用占绘图工作量的 60％～80％，编辑命令使用的次数是绘图命令的两倍多，如图 1-5-2-1 所示。

图 1-5-2-1　"修改"面板

小贴士：	如何选择对象？

　　当对绘制出来的图形进行编辑修改时，首先要选择这个对象，CAD 提供了多种方法都可以选择对象：

　　√ 全选。如果要使用一个编辑命令，当执行命令时，命令提示行会提示："选择对象"，这时输入 "all"，便可选择所有实体。

　　√ 窗选。这是最常用的一种选择方法，从左边和从右边都可拉出矩形选框，但是选择的对象又有不同：

　　从左上角或左下角拉出矩形选框，则完全包含在选框内的图形才会被选中（如图 1-5-2-2），线条加粗的对象为选中对象；

　　从右上角或右下角拉出矩形选框，则包括在框内的对象以及框边所触及的对象都会被选中（如图 1-5-2-3）。

　　√ 点选。常用来选择单独的物体，将选择光标对准对象进行单击，使其呈加粗状即为选中。

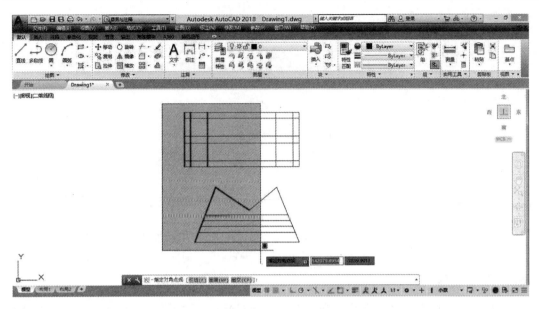

图 1-5-2-2　从左边拉选择框选中的对象

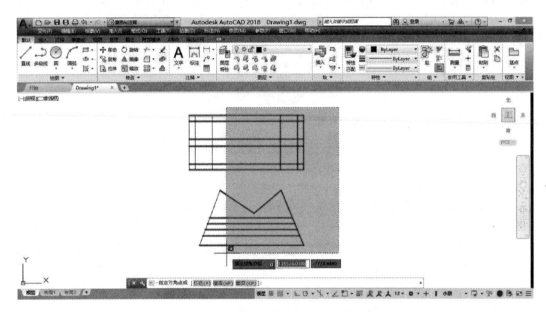

图 1-5-2-3　从右边拉选择框选中的对象

（1）删除命令

删除命令就像我们平时绘图时所用到的橡皮，有几种方法可以激活这个命令：

◇ 在命令行或绘图区输入"E"（Erase 的缩写）命令；

◇ 单击"默认"选项卡"修改"面板中的"删除"命令按钮。

执行上述操作之一后，命令行会提示：

"选择对象"，用鼠标拾取对象之后，按回车键（或者点击右键），删除选中的对象。

小贴士：	怎样快速删除？

想要快速删除物体，只需先选中想要删除的对象，然后按键盘上的 Delete 键即可。

（2）复制命令

复制命令可以大大提高作图的效率，有着别的命令不可取代的作用。

√ 在命令行或绘图区输入"CO"（Copy 的缩写）命令；

√ 单击"默认"选项卡"修改"面板中的"复制"命令按钮 ％。

执行上述操作之一后：

命令行提示："选择对象："，用鼠标拾取所有待复制对象之后，按回车键（或者点击右键）；

命令行提示："指定基点或［位移（D）/模式（O）］＜位移＞："，用鼠标在绘图区指定一点作为复制基点；

命令行提示："指定第二点或［阵列（A）］＜用第一点作位移＞："，这时可以直接指定第二点，也可以用鼠标拉向欲移动复制的方向，从键盘输入欲移动复制的距离（在"正交"开启的情况下，可以准确地为移动复制物体定位），按回车。

例：将椅子复制到两个同样桌子的同样位置，如图 1-5-2-4 所示。

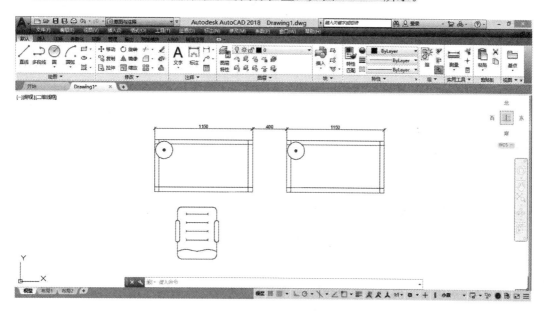

图 1-5-2-4　想要复制椅子到另一桌子的相同位置

方法一：可以选择直接指定第二点的方法，即选中椅子后，以中点为复制基点，以另一个桌子的中点为第二点（如图 1-5-2-5）。

方法二：可以输入一个移动距离，选中椅子后，任意指定一个基点（保证"正交"打开），将鼠标向右拉，在命令行输入 1550（两个桌子之间的距离，数值仅作举例参考用）后按回车（如图 1-5-2-6）。

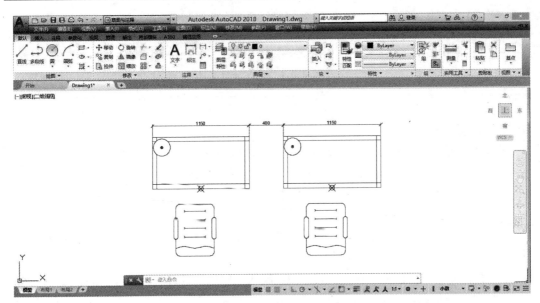

图 1-5-2-5　以中点为基点复制椅子

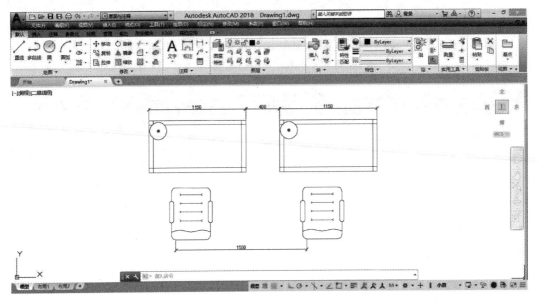

图 1-5-2-6　输入一个移动距离复制椅子

（3）镜像命令

镜像就是以指定的轴为对称轴复制对象，得出的镜像物就如同在镜子中的反射像一样，原物体可以保留也可以删掉。

√ 在命令行或绘图区输入"MI"（Mirror 的缩写）命令；

√ 单击"默认"选项卡"修改"面板中的"镜像"命令按钮 ⚏。

命令行提示："选择对象:"，可以用框选或点选法选择想要镜像的物体，按回车键或点击右键；

命令行提示："指定镜像线的第一点:"，用鼠标在绘图区指定第一点；

命令行提示："指定镜像线的第二点:"，用鼠标指定第二点（如图 1-5-2-7）；

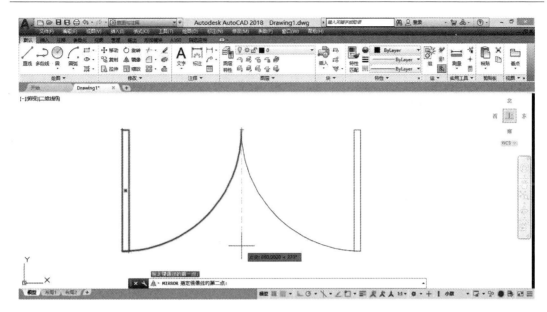

图 1-5-2-7　确定镜像轴

命令行提示："要删除对象吗？［是（Y）/否（N）］＜N＞:"，直接回车表示不删除源对象（如图 1-5-2-8），输入"y"表示删除源对象。

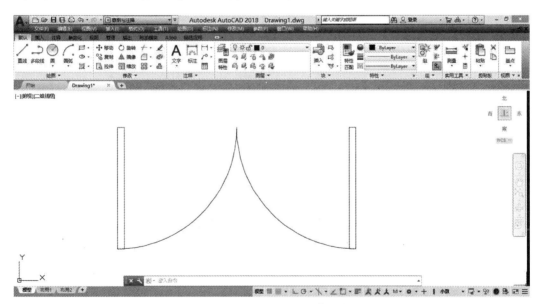

图 1-5-2-8　不删除源物体镜像

（4）偏移命令

偏移就是复制源对象到源对象平行的位置，偏移出的对象和源对象保持相同的形状。

√ 在命令行或绘图区输入"O"（Offset 的缩写）命令；

√ 单击"默认"选项卡"修改"面板中的"偏移"命令按钮 。

命令行提示："指定偏移距离或［通过（T）/删除（E）/图层（L）］＜1.0000＞:"，可以直接从键盘输入想要偏移的距离，也可以在绘图区域用鼠标指定一段距离作为偏移距离。

命令行提示："选择要偏移的对象，或［退出（E）/放弃（U）］＜退出＞:"，这时绘图区会出现一个小矩形光标，用它选中想要偏移的物体。

命令行提示："指定要偏移的那一侧的点，或［退出（E）/多个（M）/放弃（U）］＜退出＞:"，在想要偏移的方向单击即可，如果需要还可以继续完成同样距离的偏移，无需附加设置，按右键或回车或空格结束命令。

例：将一个 50×40 的矩形向内向外各偏移 10（如图 1-5-2-9）。

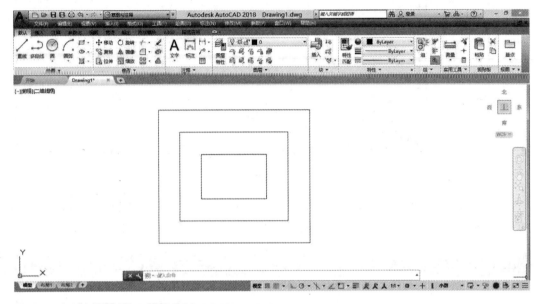

图 1-5-2-9　偏移矩形

（5）阵列命令

阵列是一种很高效的复制方法，源对象按照一定的规则成批地进行复制。

◇ 在命令行或绘图区输入"AR"（Array 的缩写）命令；

◇ 单击"默认"选项卡"修改"面板中的"阵列"下拉菜单中的"矩形阵列" ⊞、"路径阵列"或"环形阵列"。

√ 矩形阵列——按照矩形的方式在长宽方向阵列。

选中"矩形阵列":

在"行"处输入源对象在 Y 轴上复制的个数；

在"列"处输入源对象在 X 轴上复制的个数；

在"行间距" 处输入复制对象在 Y 轴上的间距（输入负值表示向 Y 轴负方向偏移复制）；

在"列间距" 处输入复制对象在 X 轴上的间距（输入负值表示向 X 轴负方向偏移复制）。

根据命令行提示，依次在命令行输入矩形阵列的行、列、间距量或者用鼠标控制。

命令行提示：

选择对象：（使用对象选择方法）

指定项目数的对角点或［基点（B）/角度（A）/计数（C）］＜计数＞：输入选项或按 Enter 键。

按 Enter 键接受或［关联（AS）/基点（B）/行数（R）/列数（C）/层级（L）/退出（X）］＜退出＞：（按 Enter 键或选择选项）

√ 路径阵列——沿路径或部分路径均匀分布对象副本。

路径可以是直线、多段线、三维多段线、样条曲线、螺旋、圆弧、圆或椭圆。

命令行提示：

选择对象：（使用对象选择方法）

选择路径曲线：（使用一种对象选择方法）

输入沿路径的项数或［方向（O）/表达式（E）］＜方向＞：（指定项目数或输入选项）

指定基点或［关键点（K）］＜路径曲线的终点＞：（指定基点或输入选项）

指定与路径一致的方向或［两点（2P）/法线（N）］＜当前＞：（按 Enter 键或选择选项）

指定沿路径的项目间的距离或［定数等分（D）/全部（T）/表达式（E）］＜沿路径平均定数等分＞：（指定距离或输入选项）

按 Enter 键接受或［关联（AS）/基点（B）/项目（I）/行数（R）/层级（L）/对齐项目（A）/Z 方向（Z）/退出（X）］＜退出＞：（按 Enter 键或选择选项）

√ 环形阵列——围绕中心点或旋转轴在环形阵列中均匀分布对象副本。

命令行提示：

选择对象：（使用对象选择方法）

指定阵列的中心点或［基点（B）/旋转轴（A）］：（指定中心点或输入选项）

输入项目数或［项目间角度（A）/表达式（E）］＜最后计数＞：（指定项目数或输入选项）

指定要填充的角度（＋＝逆时针，－＝顺时针）或［表达式（E）］：（输入填充角度或输入选项）

按 Enter 键接受或［关联（AS）/基点（B）/项目（I）/项目间角度（A）/填充角度（F）/行（ROW）/层级（L）/旋转项目（ROT）/退出（X）］＜退出＞：（按 Enter 键或选择选项）

例： 将直径为 5 的圆沿图示路径阵列 20 个，按定数等分控制间距（如图 1-5-2-10）。

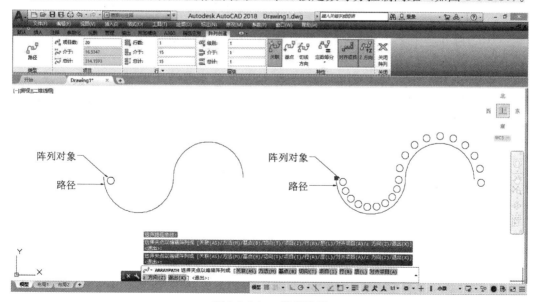

图 1-5-2-10　路径阵列

√ 路径阵列——按照路径的走向在路径上阵列。

单击路径阵列：

首先选择阵列对象，按右键或 Enter 键确定；

然后选择路径曲线；

在菜单栏"阵列创建"选项卡下的"特性"面板中点击"定数等分"按钮 ，接着在"项目"面板中输入项目数 20，按 Enter 键确定；

然后屏幕中显示操作选项菜单，直接按 Enter 键或在命令行输入 X 退出阵列操作。

例：将直径为 10 的圆在 Y 方向上阵列 8 个，行偏移为 20；在 X 方向上阵列 4 个，列偏移为 40；阵列角度为 0（如图 1-5-2-11）。

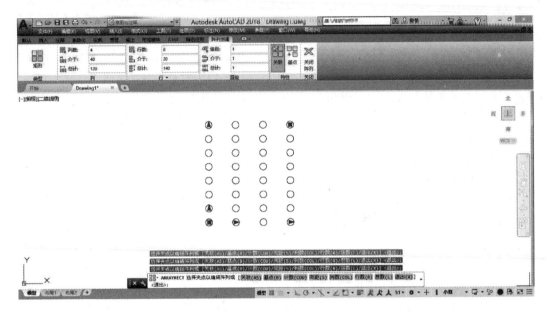

图 1-5-2-11　矩形阵列

√ 环形阵列——按照圆形的方式在圆周上阵列。

选中"环形阵列"：

点击成环形阵列的对象，按 Enter 或鼠标右键确定；

随后根据命令行提示填入要阵列对象的项目数（包括源对象）、阵列圆周的填充角度（角度如为负值，则按逆时针旋转）；

之后在弹出的选项中选择"退出"或者直接按 Enter 键。

例：阵列一个小圆，以大圆的圆心为阵列中心，阵列 8 个，角度设为 270°，如图 1-5-2-12 所示。

（6）移动命令

移动是将对象移动到某一合适位置，经常用于调整物体的位置。

√ 在命令行或绘图区输入"M"（Move 的缩写）命令；

√ 单击"默认"选项卡"修改"面板中的"移动"命令按钮 。

命令行提示："选择对象"，用鼠标拾取所有待复制对象之后，按回车键（或者点击右键）；

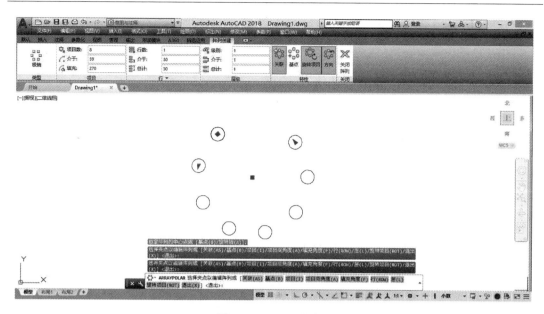

图 1-5-2-12　环形阵列

　　命令行提示："指定基点或［位移（D）］＜位移＞"，用鼠标在绘图区指定一点作为移动基点；

　　命令行提示："指定第二点或＜使用第一点作位移＞："，这时可以直接指定第二点（捕捉打开，可以帮助准确定位），也可以用鼠标拉向欲移动复制的方向，从键盘输入欲移动复制的距离（在"正交"开启的情况下，可以准确地为移动复制物体定位），按回车。

　　例：移动门至门框的位置（如图 1-5-2-13，图 1-5-2-14）。

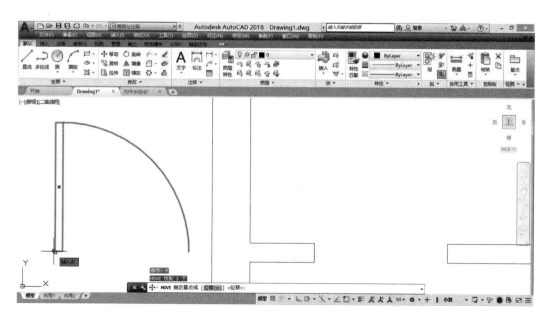

图 1-5-2-13　指定移动基点

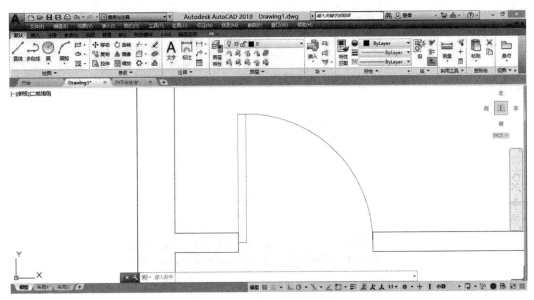

图 1-5-2-14　移动门到指定位置

（7）旋转命令

旋转命令是将对象绕指定的基点旋转一个角度，操作近似于移动命令。

√ 在命令行或绘图区输入"RO"（Rotate 的缩写）命令；

√ 单击"默认"选项卡"修改"面板中的"旋转"命令按钮↺。

命令行提示："选择对象"，用鼠标拾取所有待旋转对象之后，按回车键（或点击右键）；

命令行提示："指定基点"，用鼠标在绘图区指定一点作为移动基点；

命令行提示："指定旋转角度，或［复制（C）/参照（R）］＜0＞：＜正交　关＞"，这时可以直接输入一个旋转角度，后按回车。

例： 逆时针旋转门 90°（如图 1-5-2-15，图 1-5-2-16）。

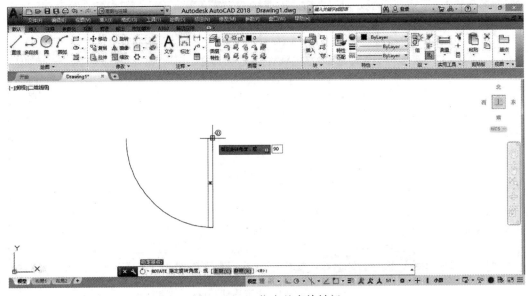

图 1-5-2-15　指定基点旋转门

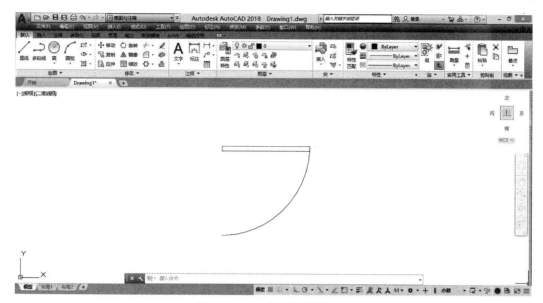

图 1-5-2-16　逆时针旋转门 90°

（8）缩放命令

缩放是将某一对象的尺寸按一定比例进行放大或缩小。

√ 在命令行或绘图区输入"SC"（Scale 的缩写）命令；

√ 单击"默认"选项卡"修改"面板中的"缩放"命令按钮 。

命令行提示："选择对象"，用鼠标拾取所有待缩放对象之后，按回车键（或点击右键）；

命令行提示："指定基点"，用鼠标在绘图区指定一点作为缩放基点；

命令行提示："指定比例因子或〔复制（C）/参照（R）〕："，输入放大或缩小的倍数，按回车。

例：放大和缩小植物（如图 1-5-2-17，图 1-5-2-18）。

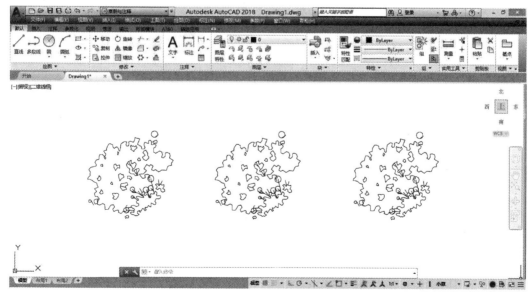

图 1-5-2-17　缩放前的植物

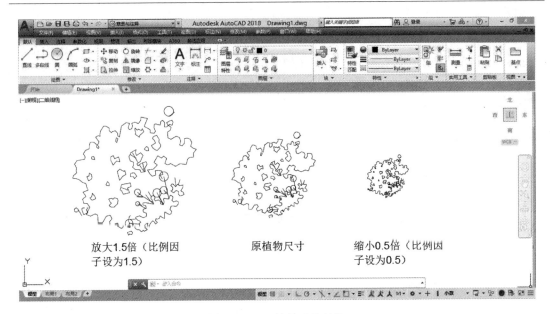

放大1.5倍（比例因
子设为1.5）　　　　原植物尺寸　　　　缩小0.5倍（比例因
　　　　　　　　　　　　　　　　　　　子设为0.5）

图 1-5-2-18　缩放后的植物

（9）拉伸命令

将某个对象的尺寸在一定方向上进行拉长或缩短是拉伸命令的主要作用。

　√ 在命令行或绘图区输入"S"（Stretch 的缩写）命令；

　√ 单击"默认"选项卡"修改"面板中的"拉伸"命令按钮 。

命令行提示："选择对象"，用鼠标拾取待拉伸对象之后，按回车键（或者点击右键）；
注意：对象选择一定要从右上角或右下角窗选，保证选择完整（如图 1-5-2-19 所示，加粗
部分为选中对象）；拉伸后的结果如图 1-5-2-20 所示。

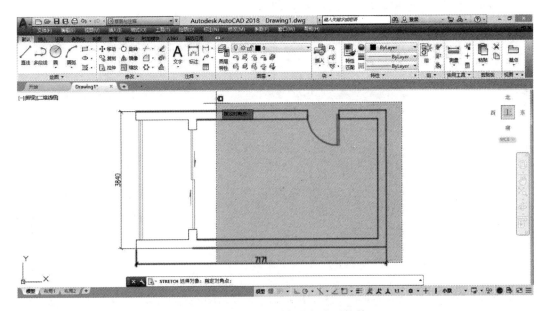

图 1-5-2-19　选择对象进行水平拉伸

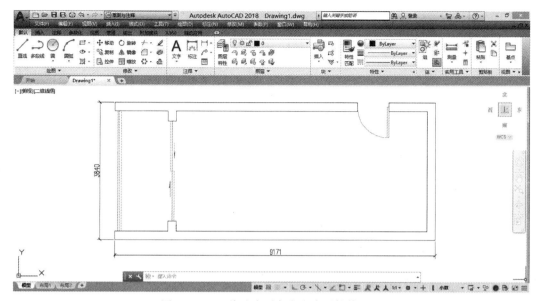

图 1-5-2-20　将选中对象向右水平拉伸 2000

（10）修剪命令

修剪是指将对象的某一部分从指定边界以外裁掉或擦除。

√ 在命令行或绘图区输入"TR"（Trim 的缩写）命令；

√ 单击"默认"选项卡"修改"面板中的"修剪"命令按钮 ╱ 。

命令行提示："选择对象或＜全部选择＞"，这时可以用鼠标在绘图区点击作为修剪边界的对象，使之呈加粗状态显示（可以是多个对象），按右键或回车确认（如图 1-5-2-21）；

命令行提示："选择要修剪的对象，或按住 Shift 键选择要延伸的对象，或［栏选（F）/窗交（C）/投影（P）/边（E）/删除（R）/放弃（U）］："，这时单击要修剪的对象，全部修剪完毕后按回车或右键结束命令（如图 1-5-2-22）。

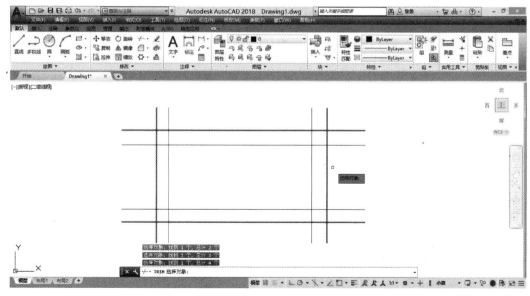

图 1-5-2-21　选择修剪边界

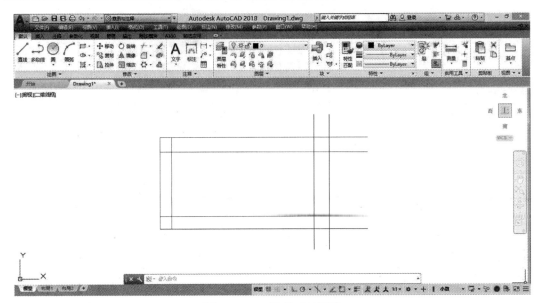

图 1-5-2-22　修剪后的图形

（11）延伸命令

延伸命令的操作类似于修剪命令，但操作结果却与之相反，是将对象延伸到某指定边界。

√ 在命令行或绘图区输入"EX"（Extend 的缩写）命令；

√ 单击"默认"选项卡"修改"面板中的"修剪"下拉菜单中的"延伸"命令按钮 。

命令行提示："选择对象或＜全部选择＞"，这时可以用鼠标在绘图区点击作为延伸边界的对象，使之呈加粗状态显示（可以是多个对象），按右键或回车确认（如图 1-5-2-23）；

命令行提示："选择要延伸的对象，或按住 Shift 键选择要延伸的对象，或［栏选（F）/窗交（C）/投影（P）/边（E）/放弃（U）]："，这时单击要延伸的对象，延伸完毕后按回车或右键结束命令（如图 1-5-2-24）。

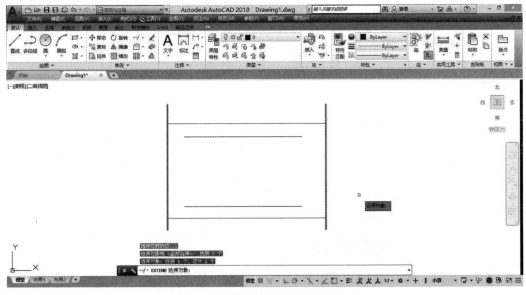

图 1-5-2-23　选择延伸边界

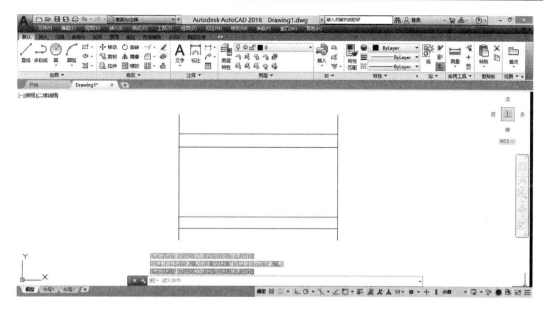

图 1-5-2-24　延伸结果

小贴士：	为什么无法延伸?

为什么选择了延伸边界，却无法延伸想要延伸的对象（如图 1-5-2-25）？

这是因为对象未与边界相交，可以采取下面的办法解决这个问题：

√ 如果延伸边界可以延长，那么延长这个边界到可以与延伸对象相交的位置（如图 1-5-2-26）。

√ 也可以先选择好延伸边界，点击右键确认后：

命令行会提示：

"选择要延伸的对象，按住 Shift 键选择要修剪的对象，或［栏选（F）/窗交（C）/投影（P）/边（E）/放弃（U）］："，不要直接选择延伸对象，在命令行输入字母"E"，选择"边"的选项。

命令行又提示：

"输入隐含边延伸模式［延伸（E）/不延伸（N）］＜不延伸＞："，在屏幕弹出的选项中选择"延伸"，或在命令行输入"E"选择隐含边延伸模式。

这时再选择想要延伸的对象即可（如图 1-5-2-27）。

（12）打断于点命令

打断于点命令主要用于断开实体，将一个对象分解为两个。

√ 单击"默认"选项卡"修改"面板下拉菜单中的"打断于点"命令按钮 ▭ 。

命令行提示："选择对象"，这时可以用鼠标在绘图区点击选择要打断的对象；

命令行提示："指定第二个打断点或［第一点（F）］：_ f"，"指定第一个打断点："，用鼠标在选择对象上指定一点作为打断点，则原实体被分解成两个单独实体（如图 1-5-2-28）。

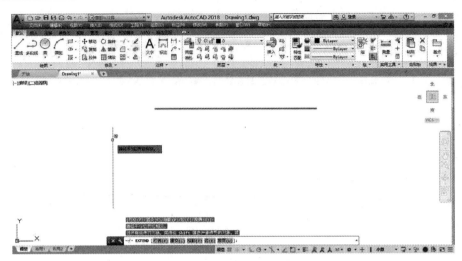

图 1-5-2-25　无法延伸对象

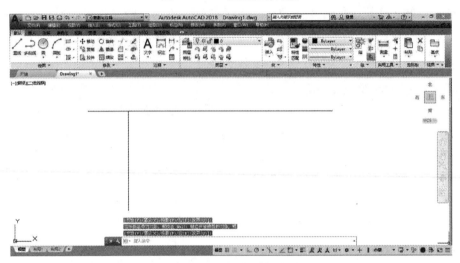

图 1-5-2-26　延长选择边界

图 1-5-2-27　选择隐含边延伸模式延伸对象

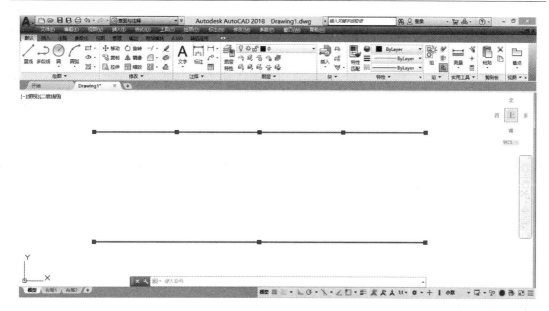

图 1-5-2-28　打断于点

（13）打断命令

打断命令可以删除对象的一部分，常用于打断直线、曲线、圆、多边形、圆弧、椭圆等。

√ 在命令行或绘图区输入"BR"（Break 的缩写）命令；

√ 单击"默认"选项卡"修改"面板下拉菜单中的"打断"命令按钮 。

命令行提示："_ break 选择对象："，用鼠标在绘图区点击作为打断对象的实体，使之呈加粗状态显示；

命令行提示："指定第二个打断点或［第一点（F）］："，如果直接在打断对象上单击，则这一点被默认为第二点，上一步选择对象时的单击点被默认为打断的第一点，选择对象将在此两点间被打断。

也可以在命令行后输入"F"后回车。

命令行提示："指定第一个打断点："，在选择对象上指定打断的第一点；

命令行提示："指定第二个打断点："，在选择对象上指定打断的第二点。

选择对象将在选择的两点之间被打断（如图 1-5-2-29）。

（14）倒角命令

倒角命令是以指定距离斜切选定交线的两条边，使相交的两条直线的交点处形成倒角形。

√ 在命令行或绘图区输入"CHA"（Chamfer 的缩写）命令；

√ 单击"默认"选项卡"修改"面板中"圆角"下拉菜单中的"倒角"命令按钮 。

命令行提示："选择第一条直线或［放弃（U）/多段线（P）/距离（D）/角度（A）/修剪（T）/方式（E）/多个（M）］："；

√ 放弃（U）：恢复在命令中执行的上一操作；

√ 多段线（P）：对多段线每个顶点进行倒角操作（如图 1-5-2-30）。

√ 距离（D）：设定倒角距离，若将倒角距离设为零，则倒角使两个对象交于一点（如图 1-5-2-31）。

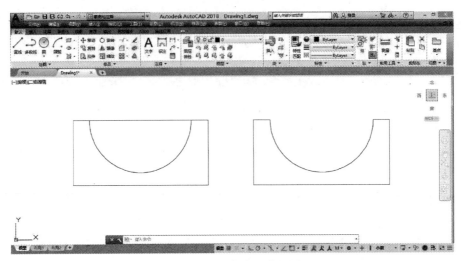

图 1-5-2-29　打断一个矩形

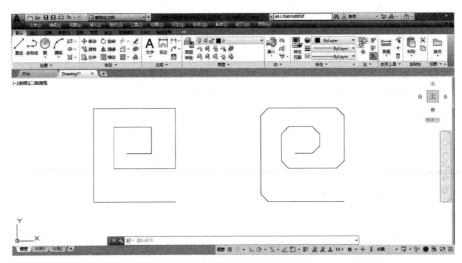

图 1-5-2-30　对多段线进行倒角

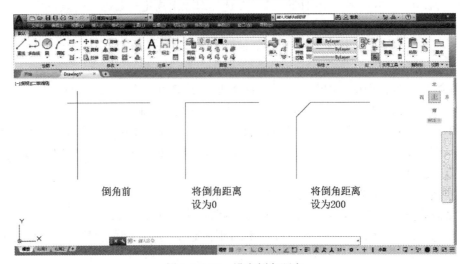

图 1-5-2-31　设定倒角距离

√ 角度（A）：指定倒角角度（如图 1-5-2-32）。

√ 修剪（T）：设置倒角时是否修剪对象（如图 1-5-2-33）。

√ 方式（E）：设置倒角方式使用两个倒角距离或者使用一个距离一个角度来创建倒角。

√ 多个（M）：为多组对象的边倒角。

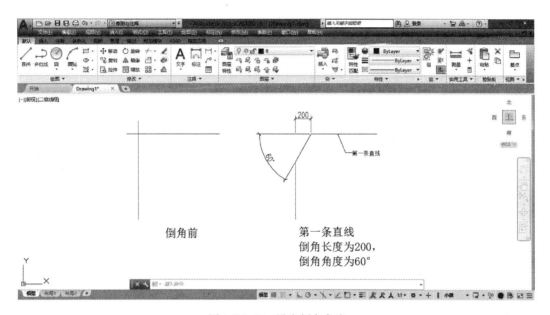

图 1-5-2-32　设定倒角角度

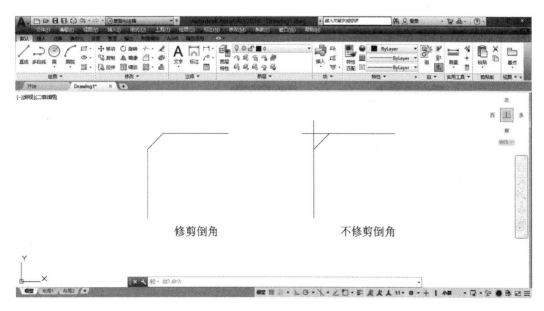

图 1-5-2-33　设置修剪倒角

（15）圆角命令

圆角命令是利用指定半径的圆弧光滑地连接两个对象，操作类似于倒角命令。

√ 在命令行或绘图区输入"F"（Fillet 的缩写）命令；

√ 单击"默认"选项卡"修改"面板中"圆角"下拉菜单中的"圆角"命令按钮 ⬜ 。

命令行提示："选择第一个对象或［放弃（U）/多段线（P）/半径（R）/修剪（T）/多个（M）］；"。

√ 放弃（U）：恢复在命令中执行的上一操作。

√ 多段线（P）：对多段线每个顶点进行圆角操作。

√ 半径（R）：设定圆角半径（系统初始默认半径为 0）。

√ 修剪（T）：设置倒圆角时是否修剪对象。

√ 多个（M）：给多个对象集加圆角。

这些操作类似于倒角命令（如图 1-5-2-34），具体可参照"倒角"命令。

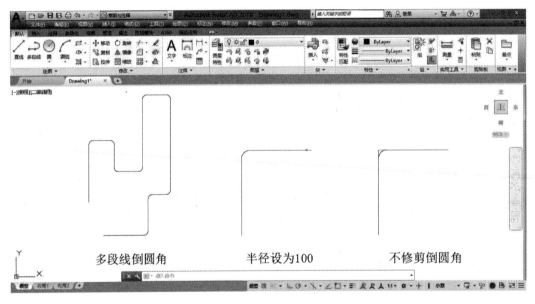

图 1-5-2-34　倒圆角

（16）分解命令

分解命令也叫炸开命令，可以将多段线、块、标注和面域等合成对象分解成它的部件对象。

√ 在命令行或绘图区输入"Explode"命令；

√ 单击"默认"选项卡"修改"面板中的"分解"命令按钮 🗗 。

命令行提示："选择对象"，选择想要炸开的图形，全部选完后，单击鼠标右键或按回车，即完成炸开命令。

图形被分解后，往往从一个整体分解为多个小个体（如图 1-5-2-35）。

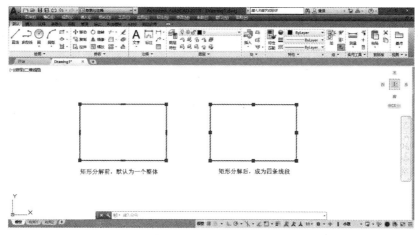

图 1-5-2-35　矩形被分解

1.5.3　控制对象的特性

在 AutoCAD2018 绘图环境下绘制的任何对象不仅具有某些共同的特性，还具有区别于其他某些对象的独有特性。例如，直线就不具备圆的独有特性，如圆心和半径，而圆又不具备直线的特性，如长度，但是它们可能有相同的颜色，或在相同的图层，具有同样的打印样式等。本节将讲述这些特性的使用。

（1）显示和修改对象特性

在"特性"选项板中可以查看和修改对象所有特性的设置。

可以通过以下方法打开"特性"选项板（对象特性管理器）：

单击"默认"选项卡"特性"面板右下角"特性管理器"启动器按钮；

或在命令行或绘图区输入：PROPERTIES，或者使用快捷键 Ctrl+1；

或者选中某一对象，单击右键，在快捷菜单中选择"特性"。

执行以上操作后，会弹出"特性"选项板，如图 1-5-3-1 所示。

图 1-5-3-1　"特性"选项板

在"特性"选项板中列出了选定对象或者对象集的特性的当前设置。可以通过指定新值进行特性的修改，也可以通过下拉菜单选择不同的设置。当选择多个对象的时候，"特性"选项板只显示对象集中所有对象的公共特性。如果尚未选择对象，"特性"选项板只显示当前图层的基本特性、图层附着的打印样式表的名称、查看特性以及关于 UCS 的信息。

（2）在对象之间复制特性

AutoCAD2018 提供"特性匹配"功能，可以将一个对象的某些或所有特性复制到其他对象。可以复制的特性类型包括：颜色、图层、线型、线型比例、线宽、打印样式、透明度和厚度等。

默认情况下，所有可以应用的特性都自动地从选定的第一个对象复制到其他对象。如果不希望复制某些特定的特性，可以使用"设置"选项禁止复制该特性。可以在执行该命令的过程中随时选择"设置"选项。

其具体操作步骤如下：

执行"特性匹配"命令，可以使用以下途径：

单击"默认"选项卡"特性"中的"特性匹配"命令按钮；

或在命令行或绘图区输入：MATCHPROP。

这时命令行提示：

命令：′＿matchprop

当前活动设置：（当前的特性匹配设置）

选择源对象：（鼠标变为一个小方块，用它点选要复制其特性的对象。）

选择目标对象或［设置（S）］：

如果要控制传递某些特性，可以在命令行输入"s"（选择设置）并回车（或者按空格键）。在弹出的"特性设置"对话框中，清除不希望复制的项目（默认情况下所有项目都打开）。选择"确定"，如图 1-5-3-2 所示。

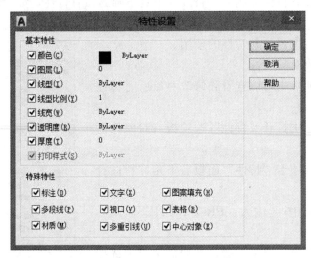

图 1-5-3-2 "特性设置"选项卡

如果不希望更改设置，直接选择要修改其特性的对象。之后，鼠标变为 的形状，这时命令行提示：

选择目标对象或［设置（S）］：（用鼠标继续点选目标对象，按回车键结束。）

在绘图区域就可以看到后选择的对象继承了先选择对象的特性。

1.5.4 文字注释

完整的图纸可能包括复杂的技术要求、标题栏信息、标签等诸多的文字注释。AutoCAD 相应提供了多种文字注释的方法。对简短的文字输入可以使用单行文字工具；对带有某种格式较长的文字输入可以使用多行文字工具；也可以输入带有引线的多行文字。

所有输入的文字，其字体、格式、外观都由文字样式来定义。用户还可以利用系统提供的工具方便地更改文字比例、对齐文字、查找和替换文字以及检查拼写错误。

（1）文字样式

AutoCAD 图形中所有文字的特征都由文字样式来控制。输入文字时，默认使用的是被设置为当前的文字样式，其中包含字体、字号、角度、方向和其他文字特征的信息。

用户可以创建和加载新的文字样式，并修改特征、更改名称或者在不再需要的时候删除文字样式。

可以通过以下方法打开文字样式对话框，进行设置：

单击"默认"选项卡"注释"面板下拉菜单中"文字样式"命令按钮；

或在"格式"下拉框中选择"文字样式"；

或在命令行输入：style。

运行命令后，弹出"文字样式"对话框，如图 1-5-4-1 所示。

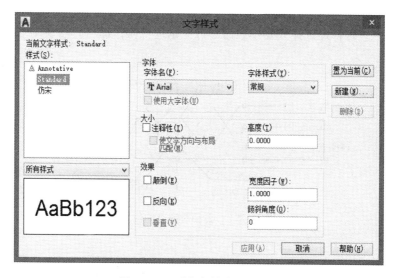

图 1-5-4-1　"文字样式"对话框

√ 样式名

"样式名"下拉列表框列出了当前可以使用的文字样式，一般默认为 Standard。在这里可以通过单击"新建"按钮，打开"新建文字样式"对话框，创建新的文字样式，指定个人习惯的字体和效果或者引用公司的统一样式。

√ 字体

"字体"选项组可以设置文字样式使用的字体和字高等属性。选定"使用大字体"后，该选项变为"大字体"，用于选择大字体文件。在文字高度一栏中如果设置为 0，那么在输入文字时，将会再次提示输入文字高度，如果在此预先设置好高度，那么以后的文字输入将默认使用这里设置的高度值。

√ 效果

包括文字颠倒、反向、垂直、宽度比例、倾斜角度（值为正时文字向右倾斜，值为负时文字向左倾斜）的设置，选择后，可以方便地在预览栏中看到效果。

（2）单行文字

单行文字适用于字体单一、内容简单、一行就可以容纳的注释文字。如室内装饰中各表面装饰材料的标注。其优点在于，使用单行文字命令输入的文字，每一行是一个编辑的对象，可以方便地移动、旋转、删除。

可以通过以下方法调用单行文字命令：

单击"默认"选项卡"注释"面板"文字"下拉菜单中的"单行文字"命令按钮；

或在命令行输入：dtext。

运行命令后出现提示：

当前文字样式：STANDARD，当前文字高度：3.500，指定文字的起点或［对正（J）/样式（S）］：

可以有以下操作选择：

√ 输入 J（不分大小写），出现提示：

［对齐（A）/调整（F）/居中（C）/中间（M）/右对齐（R）/左上（TL）/中上（TC）/右上（TR）/左中（ML）/正中（MC）/右中（MR）/左下（BL）/中下（BC）/右下（BR）］：

选择对正方式，各种选择只要按照命令行提示进行操作即可。各种对齐点的位置可以参照图 1-5-4-2。

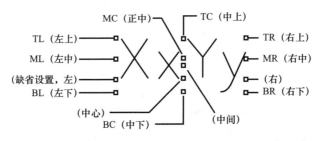

图 1-5-4-2　各种对齐点的位置

√ 输入 S（不分大小写）

命令行提示：输入样式名或［？］＜Standard＞：（可以直接输入文字样式的名字，直接回车就选择默认的样式）

在绘图区域用鼠标左键单击，指定文字起点后：

命令行提示：指定高度＜2.5000＞：（输入数值后，回车或者按空格键）

命令行提示：指定文字的旋转角度＜0＞：（输入数值后，回车或空格确定）

在指定文字起点的位置出现输入文字的提示符号 I，输入需要的文字。按回车键，换行继续输入下一行，连续两次按回车键结束单行文字命令。

例：在绘制好的双人床的下方加上文字。

单击"默认"选项卡"注释"面板中"文字"下拉菜单中"单行文字"按钮；

或在命令行或绘图区输入：dtext。

命令行提示：

命令：_dtext

当前文字样式：Standard　当前文字高度：3

指定文字的起点或［对正（J）/样式（S）］：（在双人床的下方需要输入文字处单击，确定文字起点），如图 1-5-4-3 所示。

指定高度＜3＞：100（输入所需的高度值）

指定文字的旋转角度＜0＞：（回车默认角度）

输入文字：双人床（输入文字）

输入文字：（回车结束）如图 1-5-4-4 所示。

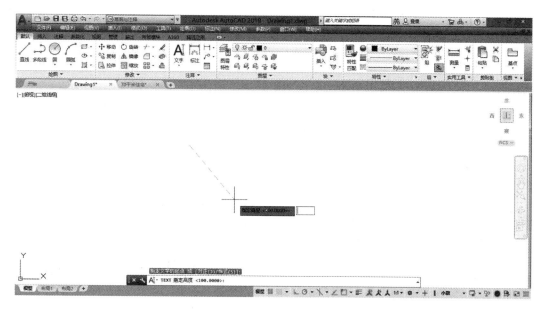

图 1-5-4-3 指定文字的起点

图 1-5-4-4 输入文字

（3）多行文字

多行文字适用于输入字体复杂、字数多甚至整段的文字。使用多行文字输入文字后，文字由任意数目的文字行或段落组成，在指定的宽度内布满，可以沿垂直方向无限延伸。

不论行数多少，单个编辑任务创建的段落集将构成单个对象。用户可对其进行移动、旋转、删除、复制、镜像或缩放操作。

多行文字的编辑选项要比单行文字多。例如，可以对段落中的单个字符、词语或短语添加下划线、更改字体、变换颜色和调整文字高度。

可以通过以下方法调用多行文字命令：

单击"默认"选项卡"注释"面板"文字"下拉菜单中的"多行文字"按钮；

或在命令行或绘图区输入：mtext（快捷键 T）。

运行命令后，命令行提示：

指定第一角点：（用鼠标左键在绘图区域单击）

指定对角点或［高度（H）/对正（J）/行距（L）/旋转（R）/样式（S）/宽度（W）/栏（C）］：

功能区会开启多行"文字编辑器"选项卡，显示"文字编辑器"选项板，在绘图区光标处输入文字，然后点击"关闭文字编辑器"按钮结束编辑，如图 1-5-4-5 所示。

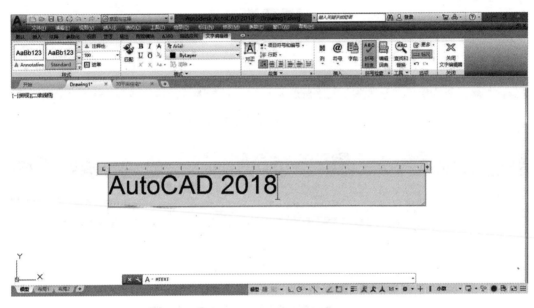

图 1-5-4-5　多行文字编辑器

编辑器的文字边框用于定义多行文字对象中段落的宽度（从左到右的横向为宽），控制文字自动换行到新行的位置。但是，多行文字对象的长度取决于文字的数量，而不是边框的长度（从上到下的纵向为长）。

所输入文字的大多数特征由文字样式控制。在"文字编辑器"选项卡中可以调节文字样式、字体、字高、格式（粗体、斜体、下划线/上划线）、颜色，还可以通过右键单击文本输入框，在弹出的快捷菜单上调整"缩进和制表位""段落对齐""大小写"以及输入符号。右键快捷菜单如图 1-5-4-6 所示。

一般制图常用的符号有：度数、正负号和直径。其他的特殊符号需要在上面的右键快捷菜单中点击"符号/其他"，在"字符映射表"中选择，或者在上面"文字编辑器"选项卡中"插入"面板中的"符号"选择，也可以在 Word 等软件中粘贴过来。字符映射表如图 1-5-4-7 所示。

图 1-5-4-6　快捷菜单调整文字样式

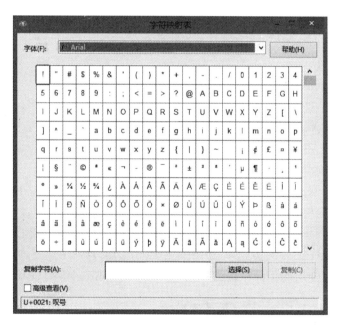

图 1-5-4-7　字符映射表

度数、正负号、直径的输入方法如图 1-5-4-8 所示。

得到效果如图 1-5-4-9 所示。

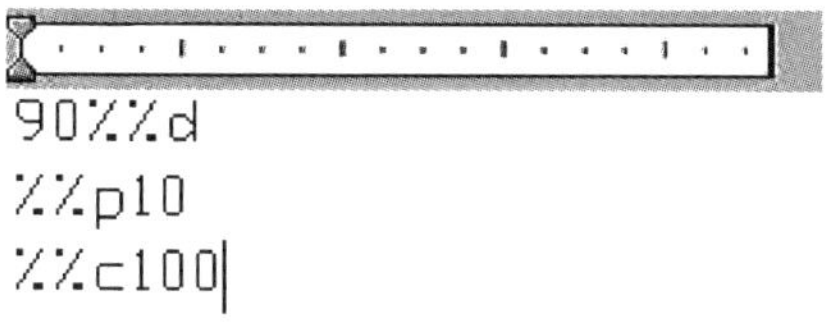

90%%d

%%p10

%%c100

图 1-5-4-8　输入格式

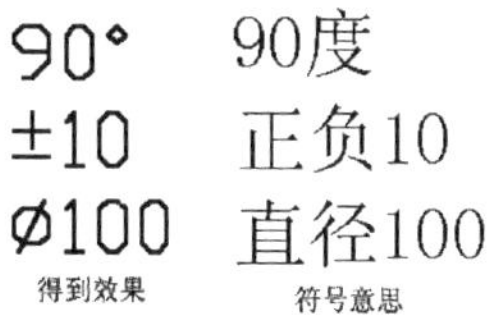

90°　90度

±10　正负10

Ø100　直径100

得到效果　　符号意思

图 1-5-4-9　得到效果

就是说在 AutoCAD 中，%%d 表示度数符号；%%p 表示公差的正负号；%%c 表示直径符号。可以通过键盘输入这些符号，也可以使用右键在符号展开栏中选择输入。

需要注意的是，在输入汉字的时候，对于字体的选择，默认是使用 Txt 字体  ，如果切换输入法为中文的输入法（如智能 ABC 等），则字体自动切换到宋体 。

在文字编辑器中的标尺具有和 Word 等文字处理软件中的标尺同样的作用。拖动上面的倒三角可以控制一个段落内第一行的缩进，比如，首行空两格，拖动下面的三角可以控制这个段落内除第一行外其他行的缩进，就是说，这一个段落从这里开始写。如果段落中需要有表格或者分条分款地列出某些内容，就需要考虑各个不同层级的起始位置，这就需要使用制表符。

小贴士：	如何输入堆叠的文字，如分数、公差等？
	输入斜杠"/"：垂直地堆叠文字，由水平线分隔。 输入符号"#"：对角地堆叠文字，由对角线分隔。 输入插入符"^"：创建公差堆叠，不用直线分隔。

（4）文字的修改

√ 单行文字的修改

对于单行文字，如果需要修改其内容，可以双击需要修改的文字，或者选中后按回车键（空格键也可以）。或在命令行或绘图区输入 Ddedit 命令，则文字变为带底色的区域，如图 1-5-4-10 所示。可以直接在该区域重新更改或输入新的内容。

√ 多行文字的修改

对于多行文字，双击或者选中后回车将进入"文字编辑器"选项卡，同样可以方便修改。

另外"文字工具栏"还提供了"编辑文字""查找和替换""缩放文字""对正文字"等便捷工具。在用户掌握基本操作后，这些工具自然会无师自通，得心应手。

选择"文字工具栏"的方法为在菜单栏点击"工具（T）"/"工具栏"/"Auto-CAD"/文字。此时弹出的工具栏即为"文字工具栏"，如图 1-5-4-11 所示。

图 1-5-4-10 "编辑文字"对话框 　　　　　图 1-5-4-11 文字工具栏

1.5.5 尺寸标注

不论是建筑、室内还是家具，完整的图纸都必须包括尺寸标注。

（1）尺寸标注的基本概念

AutoCAD 提供对各种标注对象设置标注格式的方法。可以在各个方向上为各类对象创建标注。也可以利用事先根据行业或项目标准创建好的标注样式，快速地标注图形。

标注显示了对象的测量值、对象之间的距离、角度或者特征距指定原点的距离。AutoCAD 提供了三种基本的标注类型：线性、半径和角度。标注可以是水平、垂直、对齐、旋转、坐标、基线或连续。图 1-5-5-1 中列出了几种简单的示例。

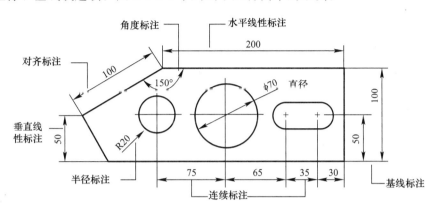

图 1-5-5-1　尺寸标注示例

标注作为实体，具有以下独特的元素：标注文字、尺寸线、箭头和尺寸界线，如图 1-5-5-2 所示。

尺寸线在建筑及家具制图规范中为细实线，用于指示标注的方向和范围。对于角度标注，尺寸线是一段圆弧。

箭头，也叫起止符号，显示在尺寸线的两端，指示标注的起始位置。因各行业制图标准不同，箭头有不同尺寸和形状。

尺寸界线，与尺寸线相垂直，是尺寸标注的边界。

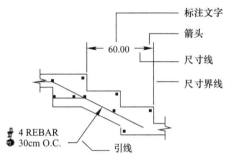

图 1-5-5-2　标注所包含的元素

一般情况下，在布局选项卡和模型选项卡中对绘制的图形进行的尺寸标注，标注的尺寸是和图形相关联的。就是说，当图形因为修改而导致尺寸发生变化时，所标注的尺寸文字也自动随之变化，同时尺寸界线等也会变动到正确的位置。

（2）标注样式

AutoCAD 的每一个尺寸标注的尺寸界线、尺寸线、箭头、中心标记或中心线及其之间的偏移、标注部件位置间的相互关系以及标注文字的方向、标注文字的内容和外观、特性都由其"标注样式"控制。修改标注样式，会更新以前由该标注样式创建的所有现有标注以反映新的设置。

可以通过以下方法打开"标注样式管理器"：

单击"注释"选项卡"标注"面板中"标注样式管理器"启动器；

或者单击"默认"选项卡"注释"面板中下拉菜单中"标注样式管理器"按钮；

或在命令行输入：Dim。

运行命令后，弹出"标注样式管理器"对话框，如图 1-5-5-3 所示。

一般在进行标注前，必须进行标注样式的设定。默认的样式名是 ISO—25，被亮显的样式名就是当前使用的样式（右键单击样式名，可以进行置为当前、重命名、删除的操作）。

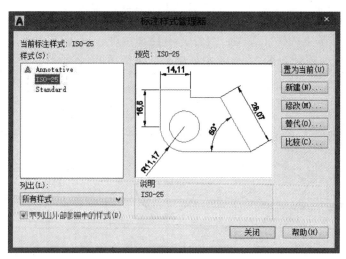

图 1-5-5-3 "标注样式管理器"对话框

"新建"：创建新的标注样式；

"置为当前"：如果工作有经验以后，可以选择原来积累下来的样式选择"置为当前"直接使用；

"修改"：剔除原来不合适的设置后再使用；

"替代"：可以设置当前样式某些特征的临时替代，替代的内容作为未保存的更改结果，显示在"样式"列表中的标注下；

"比较"：可以看到选中的标注样式的详细信息，以及与其他标注样式的对比信息。

在点击"新建"后，会弹出"创建新标注样式"对话框，如图 1-5-5-4 所示。

在这里可以指定新的标注样式名，选择创建新样式时根据的基础样式以及新样式发生作用的范围。例如输入样式名为"master"（名称随用户个人喜好，但是命名时最好有一定意义），按回车，会弹出和在上一步标注样式管理器中点"修改"和"替代"一样的"新建标注样式：（刚输入的名字）"对话框，如图 1-5-5-5 所示。

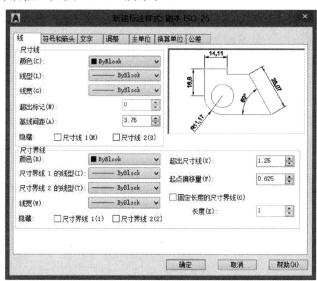

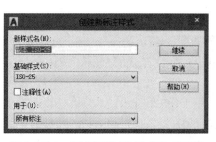

图 1-5-5-4 "创建新标注样式"对话框　　　图 1-5-5-5 "新建标注样式"对话框

在这一对话框中可以调节有关标注的各种特性，以下将逐项详细讲解。其中变化的设置或者修改的设置值可以通过按回车键，使其在预览栏中显示，以观察效果。

　　√"直线"选项组

　　"尺寸线"项目内的"超出标记"表示：在"箭头"项目内指定使用箭头倾斜、建筑标记、积分标记或无箭头标记时，尺寸线伸出尺寸界线的长度，如图 1-5-5-6 所示。

图 1-5-5-6　尺寸线"超出标记"

　　"基线间距"表示设置基线标注时内外两个层级标注的尺寸线之间的间距。建筑及家具制图中尺寸线的间距一般可定为 7～9mm，因此可以根据最后出图的比例，在这里输入适当的值，如图 1-5-5-7 所示。

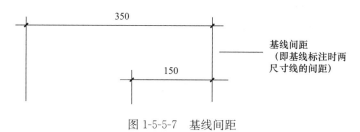

图 1-5-5-7　基线间距

　　"尺寸界线"项目内的"超出尺寸线"表示：尺寸界线伸出尺寸线的长度，在建筑及家具制图中一般为 2～3mm，因此也可以根据最后出图的比例，在这里输入适当的值，如图 1-5-5-8 所示。

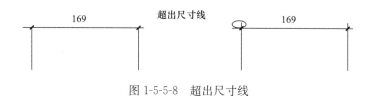

图 1-5-5-8　超出尺寸线

　　"起点偏移量"表示：尺寸界线的起点与标注定义点之间的偏移距离，如图 1-5-5-9 所示，对比观察便可以理解。

图 1-5-5-9　起点偏移量

　　√"符号和箭头"选项组

　　"符号和箭头"包括箭头、圆心标记、弧长符号、半径标注折弯四项，如图 1-5-5-10 所示。

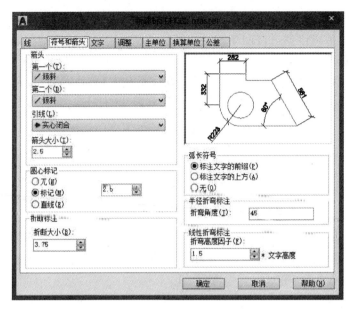

图 1-5-5-10 "符号和箭头"选项组

在"箭头"项中，可以选择本行业所惯用的箭头样式，并根据制图规范指定箭头的大小。建筑和室内行业一般选用建筑标记，即粗的 45°的斜线。而家具制图则选用倾斜标记，即细的 45°的斜线。还可以设置箭头的大小，也就是斜线的长度，一般建筑和家具制图箭头斜线的长度为 2~3mm。"圆心标记"可以选择圆心的标记是"无""标记"或"直线"，也可以设置标记的大小。"弧长符号"有"标注文字的前缀""标注文字的上方"和"无"三个选项。"半径标注折弯"中可以具体选择标注折弯的大小。

√ "文字"选项组

"文字"选项组有"文字外观""文字位置""文字对齐"等项目，如图 1-5-5-11 所示。

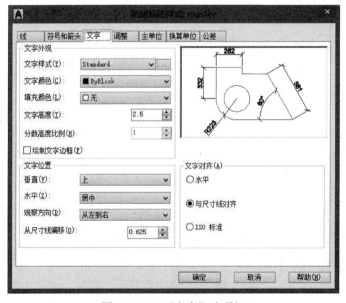

图 1-5-5-11 "文字"选项组

"文字外观"项目内的"文字样式"下拉菜单，可以选择在"文字样式"对话框中设置好的文字样式，或者打开"文字样式"对话框重新设置。"文字高度"根据行业内的制图规范设置，建筑及家具制图的文字高度一般不小于 3.5mm。

"文字位置"项目内的"垂直"和"水平"用来控制标注的尺寸值或者文字相对于尺寸线的位置。"观察方向"控制标注文字的观察方向。

"垂直"包括"居中""上方""外部""JIS""下"四种，在建筑及家具制图中一般采用"置中""上方"两种形式，如图 1-5-5-12 所示。

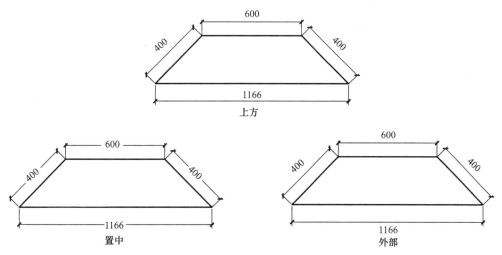

图 1-5-5-12　文字垂直的几种形式

"水平"也包括几种选择的形式，一般选择"居中"。

从"水平线偏移"用来控制所标注的文字距离尺寸线的远近，一般制图规范为 1～3mm。当文字处于尺寸线中间，打断尺寸线时，"从尺寸线偏移"控制标注文字与周围断开的尺寸线的距离。

"文字对齐"项目控制在出现标注时尺寸线不水平的情况时，文字是保持水平还是与尺寸界线平行，在建筑及家具制图中都要求文字与尺寸线平行，如图 1-5-5-13 所示。

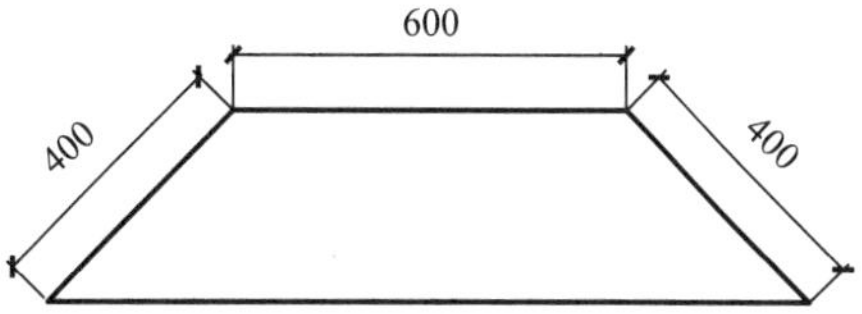

图 1-5-5-13　文字与尺寸线平行

√ "调整"选项组

需要设置标注时文字、尺寸线和箭头的摆放方式，具体内容如图 1-5-5-14 所示。

"调整"选项询问用户，当两尺寸界线之间的距离过短，无法同时放下尺寸线、文字和箭头的时候，将怎样处理这三者的位置关系，哪一个优先考虑放在尺寸界线之内。

"文字位置"选项同样用于控制文字不能放在尺寸界线之间时，将如何摆放文字。

至于各个选项的意思已经基本明确，所以不再赘述。一般的制图，可以接受系统的默认设置。

必须强调的是，"标注特征比例"的设置。默认是选择"使用全局比例"，这里需要填入的值，一般就是在绘图比例一节讲到的比例因子。至于具体填入多少，以及何时选择"按布局（图纸空间）缩放比例"，将在后面标注比例一节结合打印的需要和绘图的流程详细讲解。

√ "主单位"选项组

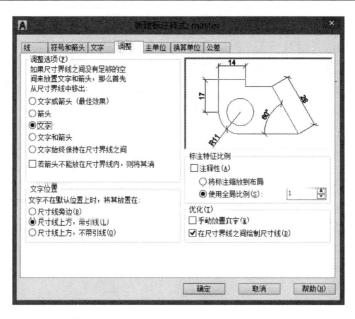

图 1-5-5-14 "调整"选项组

可以设置主标注单位的格式和精度，并设置标注文字的前缀和后缀。一般的建筑和室内及家具制图的精度选择 0 即可（如图 1-5-5-15）。

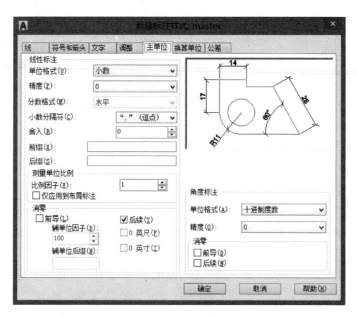

图 1-5-5-15 "主单位"选项组

（3）创建标注

使用 AutoCAD，用户可以方便地创建线性标注、半径标注、角度标注和坐标标注。

用户可以通过"标注"菜单中的各个选项来执行尺寸标注命令，或者在十分熟练后通过设置快捷键来简化操作，但是，一般入门和中级阶段都是通过标注工具栏来实现准确有效的标注。下面将详细地介绍标注工具栏，如图 1-5-5-16 所示。

√ 线性标注

画好图形并完成标注样式的设置后，注意打开"对象捕捉"和"对象捕捉追踪"，如果需要，可以调节对象捕捉与对象捕捉追踪的设置，这将决定是否能够准确定位。通过 AutoCAD 画图的最大优势也就在于此。

图 1-5-5-16　"标注"面板

点选标注面板的线性标注图标 ⊢，会发现鼠标显示为十字的形状，原来在十字交叉点的小方框没有了，这样就可以开始标注了，下面通过一个实例来讲解。

例： 为一条直线标注尺寸。

单击线性标注按钮 ⊢

命令行提示：

指定第一条尺寸界线原点或<选择对象>：（利用端点捕捉确定第一条尺寸界线的原点）

指定第二条尺寸线位置：（利用端点捕捉指定第二点）

指定尺寸线位置或〔多行文字（M）/文字（T）/角度（A）/水平（H）/垂直（V）/旋转（R）〕：（拖动鼠标至合适位置，单击结束），如图 1-5-5-17 所示。

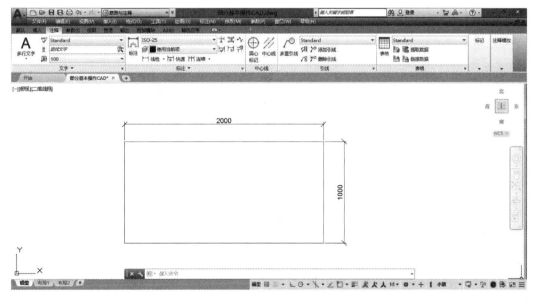

图 1-5-5-17　线性标注

√ 对齐标注

主要需要控制当标注对象是斜线时，尺寸线需要平行于标注对象。至于其标注方法和线性标注基本相同。

例： 为一条斜线标注尺寸。

单击对齐标注按钮 ⤡

命令行提示：

指定第一条尺寸界线原点或<选择对象>：（利用端点捕捉确定第一条尺寸界线的原点）

指定第二条尺寸线位置：（利用端点捕捉指定第二点）

指定尺寸线的位置或［多行文字（M）/文字（T）/角度（A）］：（拖动鼠标至合适位置，单击结束），如图 1-5-5-18 所示。

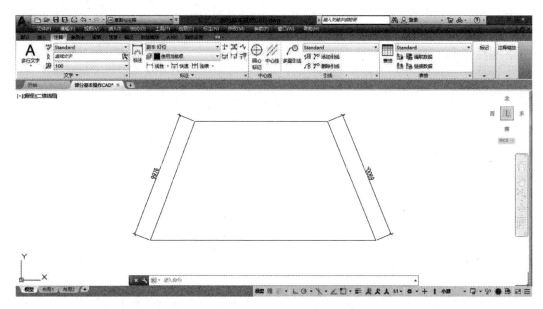

图 1-5-5-18　对齐标注

√ 半径、直径标注

点选半径◎或者直径标注◎的图标后，鼠标变为一个小方块，

命令行提示：

选择圆弧或圆：（单击标注对象，拖动鼠标至合适位置单击确定）

指定尺寸线位置或［多行文字（M）/文字（T）/角度（A）］：

一般标注创建的起点位置由小方块选择对象时的那一点决定，如果创建后发现位置不合适，可以通过选中标注，调节蓝色夹点再次定位。

√ 角度标注

角度标注的使用方法和其他标注是相通的。点选角度标注图标△后，命令行提示：

命令：_dimangular

选择圆弧、圆、直线或＜指定顶点＞：（鼠标变为一个小方框，用鼠标点选需要标注的对象，例如一条直线）

选择第二条直线：（再次选择一条直线）

指定标注圆弧线位置或［多行文字（M）/文字（T）/角度（A）/象限点（Q）］：（鼠标点选标注弧线放置的位置，确定结束），如图 1-5-5-19 所示。

√ 基线标注

基线标注是自同一基线处测量的多个标注。

例：基线标注。

利用基线标注需要先创建（或选择）一个线性或角度标注，作为基准标注。

单击"注释"选项卡"标注"面板中"连续"下拉菜单中的"基线"命令按钮，

命令行提示：

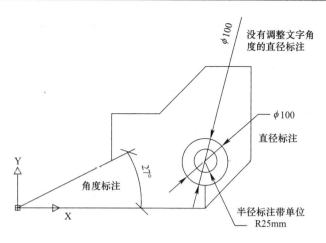

图 1-5-5-19　直径、半径及角度的标注

命令：_dimbaseline

选择基线标注：（单击已有的一条线性标注），如图 1-5-5-20 所示。

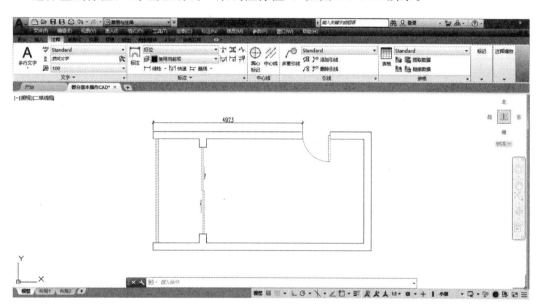

图 1-5-5-20　选择一条线性标注

指定第二条延伸线原点或［放弃（U）/选择（S）］＜选择＞：（利用捕捉确定另一个端点）

标注文字＝7171

指定第二条尺寸界线原点或［放弃（U）/选择（S）］＜选择＞：（还可以继续向下标注，如不需要则回车确定）

选择基线标注：（回车结束）如图 1-5-5-21 所示。

√　连续标注

连续标注是首尾相连的多个标注，每个连续标注都从前一个标注的第二个尺寸界线处开始。

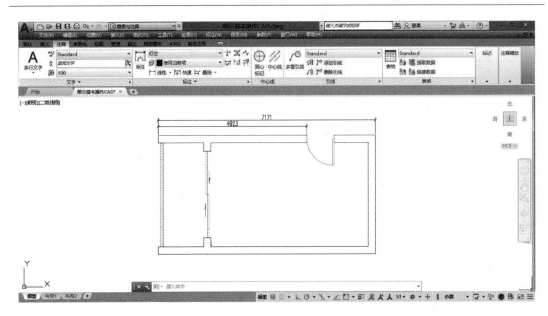

图 1-5-5-21　选择另一端点，完成基线标注

同创建基线一样，创建连续标注之前，也必须先创建线性标注、对齐标注或角度标注。因为基线标注和连续标注都是基于上一个创建的标注进行创建的，无法单独使用。

例：连续标注。

单击"注释"选项卡"标注"面板中"连续"下拉菜单中的"连续"命令按钮，

命令行提示：

命令：_dimcontinue

选择连续标注：（选择已经画好的线性标注）如图 1-5-5-22 所示。

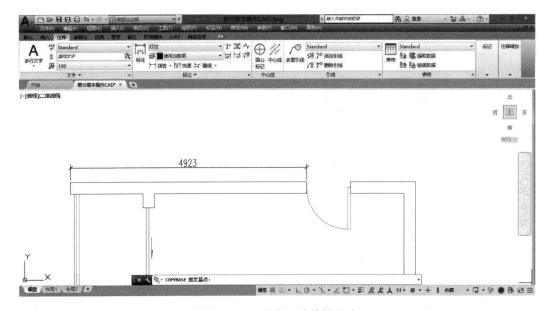

图 1-5-5-22　选择一个线性尺寸

指定第二条延伸线原点或［放弃（U）/选择（S）］＜选择＞：（捕捉第一、二个沙发垫的交点）如图 1-5-5-23 所示。

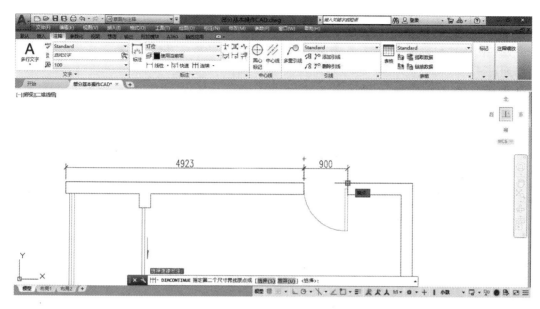

图 1-5-5-23　指定另一个尺寸界线原点

标注文字＝600

指定第二条延伸线原点或［放弃（U）/选择（S）］＜选择＞：（捕捉最右侧的端点）

标注文字＝600

指定第二条延伸线原点或［放弃（U）/选择（S）］＜选择＞：（回车结束）如图 1-5-5-24 所示。

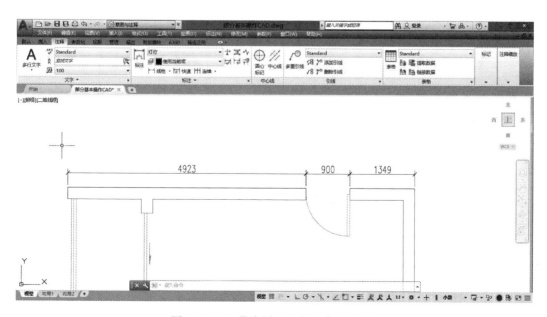

图 1-5-5-24　指定最后一个尺寸界线原点

√ 快速标注

通过选择多个对象然后一起标注的形式来达到快速的目的，适合于需要多次使用连续标注和基线标注的情况。

（4）修改标注

标注面板还提供了"打断""调整间距""检验""更新""折弯标注"等工具，用户也可以通过"对象特性管理器"来实现标注的编辑，还有些位置的调整可以通过直接移动夹点来实现。

Ⅎ "打断"工具可以将折断标注添加到线性标注、角度标注和坐标标注等。

Ⅱ "调整间距"可调整线性标注或角度标注之间的间距。

Ⓗ "检验"用于指定应检查制造部件的频率，以确保标注值和部件公差处于指定范围内。

Ⓗ "更新"工具可以彻底地执行置为当前的标注样式，检查每一个标注是否符合被置为当前的标注样式。

Ⅳ "折弯标注"可在线性标注或对齐标注中添加或删除折弯线。

第2章 室内设计图的制图规范及标准

为了使图样正确无误地表达设计者的意图，图样的画法就要遵循一定的规则。除了必要的生产技术知识外，要理解图样的内容就要了解规则，这就是图样标准。例如《图纸幅面和格式》《标题栏》《字体》等。本章将主要介绍这些制图规范及标准。

2.1 图纸幅面

2.1.1 基本幅面

绘制技术图样时，国家规定应优先使用所规定的基本幅面。各幅面之间的尺寸关系见表 2-1-1-1。

基本幅面尺寸（单位：毫米）　　　　　　　　　　　　　表 2-1-1-1

基本幅面代号	0	1	2	3	4
bxl	842×1189	594×841	420×594	297×420	297×210

2.1.2 图框规格

在图纸上必须用粗实线画图框，一般情况下采用的格式如图 2-1-2-1、图 2-1-2-2 所示。

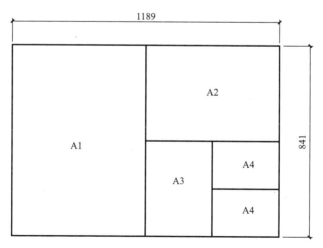

图 2-1-2-1　图纸图框格式（1）

2.1.3 图纸使用

图纸以短边作为垂直边称为横式，以短边作为水平边成为立式。一般 A0～A3 的图纸宜使用横式；必要时，也可以使用立式。

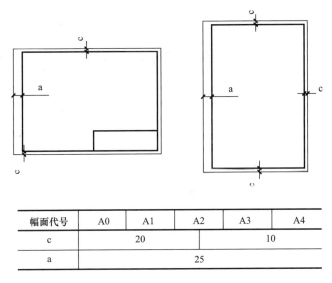

幅面代号	A0	A1	A2	A3	A4
c	20			10	
a	25				

图 2-1-2-2　图纸图框格式（2）

2.2　标题栏

图 2-2-1 为国家标准推荐的标题栏参考格式。如今不少设计单位采用自己个性化的标题栏格式，但其内容必须包括设计单位名称、工程名称、签字区、图名区和图号区等。

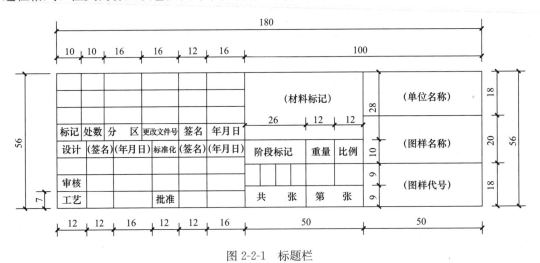

图 2-2-1　标题栏

注：标灰处为 QB/T 1338—2012 新增或修改的内容。

2.3　图线

在建筑制图中，为了使所画图形清晰、美观，国标把图线分成若干种类型和粗细，画图时可根据所画图线表达的内容主次和用途的不同而选用不同图线。

图 2-3-1　默认线型提示框

画图时可按照不同线型设置图层，在新建图层时设置好本图层所需线型，则可通过切换图层快速切换线型。但需要注意的是，使用这种方法绘制图形时，线型要设置为默认的线型 Bylayer（如图 2-3-1）。

2.3.1　各种图线的名称、形式、宽度、画法

见表 2-3-1-1，计算机绘图时，根据需要可设定不同颜色。

各种图线的名称、形式、宽度及画法　　　　　　　　　　表 2-3-1-1

图线名称	图线形式	图线宽度	线型名称	屏幕上的颜色
实线	——————	$b(0.3mm\sim1mm)$	CONTINUOUS	蓝色
粗实线	——————	$1.5b\sim2b$	CONTINUOUS	白色
细实线	——————	$b/3$	CONTINUOUS	
波浪线	～～～～	$b/3$ 或更细	—	绿色
折断线	——／——／—	$b/3$ 或更细	—	
虚线	- - - - - - -	$b/3$ 或更细	HIDDEN	黄色
点划线	—·—·—·—	$b/3$ 或更细	CENTER	红色
双点划线	—··—··—··	$b/3$ 或更细	PHANTOM	粉红色

2.3.2　推荐的图线宽度

推荐的图线宽度有：0.18mm、0.25mm、0.3mm、0.35mm、0.5mm、0.7mm、1mm、1.4mm、2mm。

每个图样，应根据复杂程度与比例大小，先确定基本线宽 b，再选用表 2-3-2-1 中适当的线宽组。

线宽组　　　　　　　　　　表 2-3-2-1

线宽比	线宽组（mm）				
$2b$	2.0	1.4	1.0	0.7	0.5
b	1.0	0.7	0.5	0.35	0.3
$b/3$	0.35	0.25	0.18		

2.3.3　图线的一般应用

图线的一般应用见表 2-3-3-1。

图线的一般应用　　　　　　　　　　表 2-3-3-1

序号	图线名称	一般应用
1	实线	① 基本视图中可见轮廓线； ② 局部详图索引标志
2	粗实线	① 剖切符号； ② 局部结构详图可见轮廓线； ③ 局部结构详图标志； ④ 图框线及标题栏外框线

序号	图线名称	一般应用
3	细实线	① 尺寸线及尺寸界线； ② 引出线； ③ 剖面线； ④ 各种人造板、成型空心板的内轮廓线； ⑤ 小圆中心线、简化画法表示连接件位置线； ⑥ 圆滑过渡的交线； ⑦ 重合剖面的轮廓线； ⑧ 表格的分格线； ⑨ 局部结构详图中，榫头端部断面表示用线； ⑩ 局部结构详图中，连接件轮廓线
4	波浪线	① 假想断开线； ② 回转体断开线； ③ 局部剖视分界线
5	双折线	① 假想断开线； ② 阶梯剖视分界线
6	虚线	不可见轮廓线，包括玻璃等透明材料后面的轮廓线
7	点划线	① 对称中心线； ② 回转体轴线； ③ 半剖视分界线； ④ 可动零、部件的外轨迹线
8	双点划线	① 假想轮廓线； ② 表示可动部分在极限位置或中间位置的轮廓线

2.3.4 注意事项（国标 QB／T 1338—2012 新增内容）

虚线、点画线或双点画线的线段长度和间隔，宜各自相等。

点画线或双点画线，当在较小图形中绘制有困难时，可用实线代替。

点画线或双点画线的两端，不应是点，点画线与点画线交接或点画线与其他图线交接时，应是线段交接。

虚线与虚线交接或虚线与其他图线交接时，应是线段交接。虚线为实线的延长线时，不得与实线连接。

2.4 字体

工程图样中大量地使用汉字、数字及拉丁字母和一些符号，它们是工程图样的重要组成部分，因此国标对字体也作了严格规定，不得随意书写。

2.4.1 文字的字高

应从下列系列中选用：2.5、3.5、5、7、10、14、20，单位为 mm。

如需书写更大的字，其高度应按 $1:\sqrt{2}$ 比值递增。

2.4.2 图样及说明的汉字

应采用长仿宋体，宽度与高度的关系，应符合表 2-4-2-1 的规定。

长仿宋体字高宽关系（mm） 表 2-4-2-1

字高	20	14	10	7	5	3.5	2.5
字宽	14	10	7	5	3.5	2.5	1.8

大标题、图册封面、地形图等的汉字，也可书写成其他字体，但应易于辨认。

2.4.3 汉字的字高

汉字的字高应不小于 3.5mm；拉丁字母、阿拉伯数字或罗马数字的字高，应不小于 2.5mm。

2.5 比例

在工程图样中往往不可能将图形画成与实物同样大小，如房屋，即使用最大的图纸也无法容纳；而一个机械式手表中的零件要按实际大小绘出也是不可想象且无意义的，因此，就必须按一定比例缩小或放大进行绘制所表达的工程物体的图样。

比例是指所绘图形上线性尺寸与所表现的实物上相应的线性尺寸之比。无论放大或缩小，比例关系在标注时都应把图中量度写在前面，实物量度写在后面。如 1：5，1：50，1：100（即图样尺寸为实物的 1/100）等。而 5：1 则表示图样是实物的 5 倍。

2.5.1 绘图所用的比例

应根据图样的用途与被绘对象的复杂程度，从表 2-5-1-1 中选用，并应优先选用表中的常用比例。

常用比例 表 2-5-1-1

图名	常用比例	必要时可增加的比例	说明
平面图、立面图、剖面图	1：50，1：100，1：200	1：150，1：300	适用于室内设计的平面图、立面图、剖面图
详图	1：1，1：2，1：4，1：5，1：10，1：20，1：50	1：3，1：4，1：30，1：40	适用于室内设计的详图

2.5.2 一般情况下，一个图样应选用一种比例

根据专业制图的需要，同一图样可选用两种比例。

2.6 尺寸标注

尺寸是图样的重要组成部分，也是进行施工的依据，尺寸标注错误或不当将会影响生

产。因此，国标对尺寸画法、标注都作了较详细的规定，设计时应遵照执行。

2.6.1　尺寸界线、尺寸线及尺寸起止符号

图样上的尺寸，应包括尺寸界线、尺寸线、尺寸起止符号和尺寸数字。

（1）尺寸界线

一般从被标注图形轮廓线两端引出，并垂直所标注轮廓线，用细实线画出。尺寸界线有时也可用轮廓线代替。

尺寸界线应用细实线绘制，其一端应离开图样轮廓线不小于 2mm，另一端宜超出尺寸线 2～3mm。

（2）尺寸线

画在尺寸界线之间并与所标图形轮廓线平行，也用细实线画出并刚好画到与尺寸界线相交为止（即在标注样式中设置尺寸线的超出标记为 0），尺寸界线应长出尺寸线 3～5mm。任何图线均不得用作尺寸线。

（3）尺寸起止符号

一般在尺寸线与尺寸界线的相交处画一条长为 2～3mm，宽为 b/2 的 45°短斜线，其倾斜方向与尺寸线顺时针成 45°。

对于直径、半径及角度在反映圆弧形状的视图上，其尺寸起止符号则改用箭头表示。

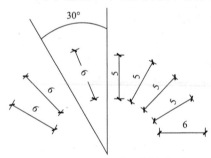

图 2-6-1-1　尺寸线不同方向时
尺寸数字注写法

（4）尺寸数字

尺寸数字一律用阿拉伯数字注写，单位一般用 mm，均不用标出。尺寸数字是指出形体实际大小而与图形比例无关。

尺寸数字一般在尺寸线中部的上方，也可将尺寸线断开，中间注写尺寸数字。

当尺寸线处于不同方向时，尺寸数字的注写方法如图 2-6-1-1 所示。在垂直方向偏左 30°左右范围内，应将尺寸线中间断开，将尺寸数字水平书写。

2.6.2　互相平行的尺寸线

应从被注的图样轮廓线由近向远整齐排列，小尺寸应离轮廓线较近，大尺寸应离轮廓线较远。而平行排列的尺寸线的间距，宜为 7～10mm，并应保持一致。

2.6.3　图样轮廓线以外的尺寸线

它距图样最外轮廓线之间的距离，不宜小于 10mm。

2.6.4　总尺寸的尺寸界线

应靠近所指部位，中间的分尺寸的尺寸界线可稍短，但其长度应相等。

2.6.5　半径、直径的尺寸标注

（1）半径的尺寸线，应一端从圆心开始，另一端画箭头指向圆弧，箭头样式要为实心

闭合。半径数字前应加注半径符号"R"（如图 2-6-5-1）。

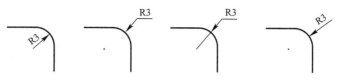

图 2-6-5-1 半径的标注方法

（2）标注圆的直径尺寸时，直径数字前，应加符号"Ø"。在圆内标注的直径尺寸线应通过圆心，两端画箭头指向圆弧（如图 2-6-5-2）。

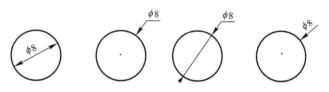

图 2-6-5-2 直径的标注方法

2.6.6 角度的标注

角度的尺寸线应以圆弧线表示。该圆弧的圆心应是该角的顶点，角的两个边为尺寸界线。角度的起止符号应以箭头表示，如没有足够位置画箭头，可用圆点代替。角度数字应水平方向注写（如图 2-6-6-1）。

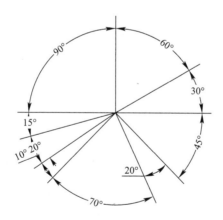

图 2-6-6-1 角度的标注方法

第3章 室内设计平面图的绘制

3.1 室内设计平面图简述

3.1.1 平面布置图

室内设计中平面布置图（也称平面图），可以认为是一种高于窗台上表面处的水平剖视，但是它只移去切平面以上的房屋形体，而对于室内地面上摆设的家具等其他物体不论切到与否都要完整画出。

平面布置图主要用来说明房间内各种家具、家电、陈设及各种绿化、水体等物体的大小、形状和相互关系，同时它还能体现出装修后房间可否满足使用要求及其建筑功能的优劣。

（1）平面布置图必须给出涉及家具、家电、设施及陈设等物品的水平投影。家具、家电等物品应根据实际尺寸与平面图相同比例绘制，尺寸则不必标明，其图线均用细线绘制。

（2）平面布置图中轴线网编号及轴线尺寸通常可以省去，但是属于新建房屋中的再装修（指直接在原有建筑平面图的基础上进行二次装修）设计时，则应该保留轴线网及编号，以便与建筑施工图对照。

（3）平面布置图中一般宜采用较大比例绘制，如1：50、1：10等。

（4）平面图中门、窗应以《建筑制图国家标准》中规定符号表明，数量多时进行编号，有特殊要求时须注明或另画大样图。

3.1.2 吊顶平面图

吊顶设计是装饰工程设计的主要内容，设计时要绘制吊顶平面图，可以简称顶面图。

顶面图一般是用镜面视图或仰视图的图示法绘制。主要用来表现顶棚中藻井、花饰、浮雕及阴角线的处理形式，表明顶棚上各种灯具的布置状况及类型、顶棚上消防装置和通风装置布置状况与装饰形式。

（1）顶面图中应表明顶棚表面局部起伏变化状况，即吊顶叠层表面变化的深度和范围。变化深度可用标高表明，构造复杂的则要用剖面图表示；投影轮廓可用中线绘制并标明相应尺寸。

（2）顶面图中应表明顶棚上各种灯具的设置状况，如吸顶灯、吊灯、筒灯、射灯等各种灯具的位置与类型，并标明灯具的排放间距及灯具安装方式。

（3）顶棚上如有浮雕、花饰及藻井时，当顶面图的比例较大能直接表达时，应在顶面图中绘出，否则可用文字注明并另用大样图表明。

（4）顶面图中还应表明顶棚表面所使用的装饰材料的名称及色彩。

（5）吊顶做法如需用剖面图表达时，顶面图中还应指明剖面图的剖切位置与投影，对局部做法有要求时，可用局部剖切表示。

（6）本章所举的实例是一个三口之家的平面图（如图 3-1-2-1），由于顶面图绘制所用到的方法和技巧与平面图基本一致，所以就不再单独举例。

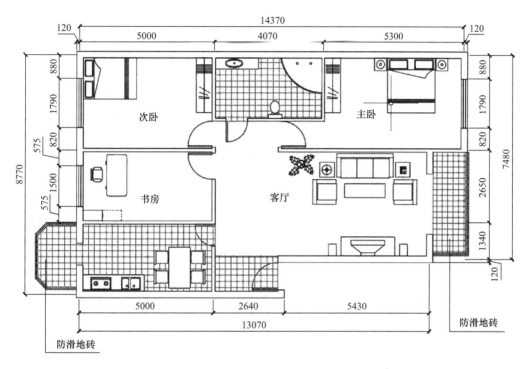

图 3-1-2-1　室内设计平面图

本章利用这个居室平面图的绘制，讲解了"直线""偏移""复制""移动""修剪""延伸""图案填充"等命令的使用方法，并讲解了图层的设置及如何创建块和插入块。具体的操作和设置方法步骤如下：

3.2　设置绘图环境

3.2.1　新建文档

打开中文 AutoCAD2018，新建一个文档。

3.2.2　设置图形界限

"图形界限"是在模型空间中一个想象的矩形绘图区域，就好像我们平时在纸上画图一样，"图形界限"就是规定了画图的"纸"的大小。但在 AutoCAD 中，绘图的空间可以是无限大的，为了能够方便地控制图形的布局，使出图更加准确，设置图形界限是非常必要的。通常我们根据所要画的图的尺度大小，按实际比例来设置。

在 AutoCAD2018 中可通过下列方法设置图形界限，在命令行输入 LIMITS，并按回车键确认，则：

命令行提示：左下角点或［开（ON）/关（OFF）］<0.0000，0.0000>：（即提示输入左下角，也就是你的"图纸"左下角的坐标，一般我们可以默认为（0，0），所以只需按回车键）

命令行提示：指定右上角点：<420.0000，297.0000>：（即提示输入右上角的坐标，根据我们要画的此平面图的实际尺度，输入 20000，15000，并按回车键确认）

3.2.3 设置图形单位

在应用程序菜单中选择"图形实用工具"——"单位"命令，可以打开"图形单位"对话框来设置绘图使用的长度单位、角度单位，以及单位的显示格式和精度等（如图 3-2-3-1 及图 3-2-3-2）。

图 3-2-3-1 图形实用工具

图 3-2-3-2 图形单位对话框

在"长度"选项区中的"精度"下拉列表中选择"0"，因为我们是以毫米为单位，所以不需要再精确到小数点以后，选择"0"后则在命令行中显示坐标等数值时就不会出现小数点，看起来更清楚。

3.2.4 设置图层

为了绘图方便，便于编辑、修改和输出，使图形的各种信息清晰、有序，可以根据实际情况设置如下几个图层："轴线""墙体""家具""门窗""地面""文字""尺寸"。

单击"常用"选项卡——"图层"面板——"图层特性"按钮，如图 3-2-4-1 所示。

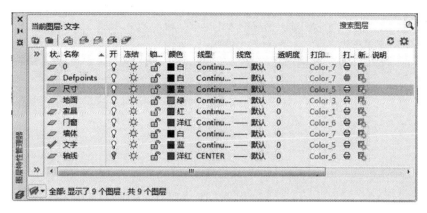

图 3-2-4-1　图层特性管理器对话框

对于不同的层，我们设置不同的颜色，以便图形更加清晰。

其中轴线的线型和其他图层的线型是不一样的，根据制图规范，建筑轴线应为点画线，所以在"线型"中选择"CENTER"。

3.3　绘制轴线

根据已有的建筑平面图，要先根据所给的尺寸画出轴线。步骤如下：

3.3.1　绘制水平和垂直的两条基准轴线

（1）绘制水平轴线

在"常用"选项卡中的"绘图"面板单击"直线"按钮。

命令行提示：

指定第一点：（可在绘图区域任意指定一点，同时按下 F8 键保证"正交"呈开启状态）

指定下一点或［放弃（U）］：（输入@17000，0，回车确定）

这样就画出了一条水平的轴线，接着画垂直的轴线。

（2）绘制垂直轴线

命令行提示：

指定第一点：（可在绘图区域任意指定一点）

指定下一点或［放弃（U）］：（输入@0，－11000，回车确定）

两条基准轴线就绘制出来了，如图 3-3-1-1 所示。

3.3.2　修改线型比例

画出这两条轴线后却发现，虽然在设置图层时已为"轴线"层选定了点画线，可为什么显示的却是实线呢？这是因为线型比例不对，我们可以先把两条轴线选中，再单击"常用"选项卡中"特性"面板左侧的"特性匹配"，屏幕出现"特性"对话框，把"线型比例"的数值改为 35，这时可以发现两条轴线已改为点画线了，如图 3-3-2-1 所示。

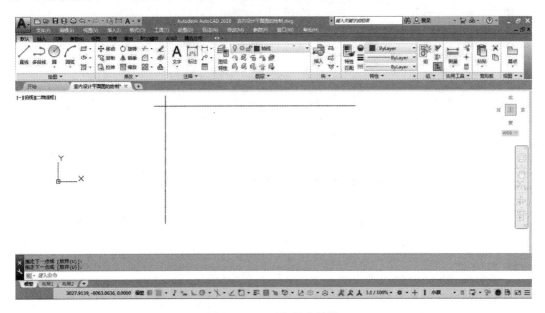

图 3-3-1-1　两条基准轴线

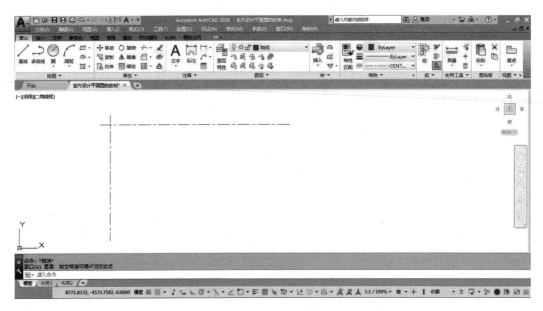

图 3-3-2-1　修改轴线特性比例

3.3.3　利用"偏移"命令，画出其他轴线

利用"偏移"工具，可以很快捷地画出其他的轴线，先偏移得到垂直轴线：

点击"常用"选项卡"修改"面板中"偏移"按钮 ▣：

命令行提示：

指定偏移距离或 [通过（T）/删除（E）/图层（L）] ＜通过＞：（输入 5000，因为第

一、二垂直轴线间的距离为 5000)

选择要偏移的对象或［退出（E）/放弃（U）］＜退出＞：（选择垂直轴线）

指定点以确定偏移所在一侧或［退出（E）/多个（M）/放弃（U）］＜退出＞：（在选中的垂直轴线右侧单击鼠标左键）

这样就得到了一条垂直轴线，同样的方法依次偏移，输入的偏移距离依次分别为 4070、4000、1300，则得到垂直的另三条轴线，如图 3-3-3-1 所示。

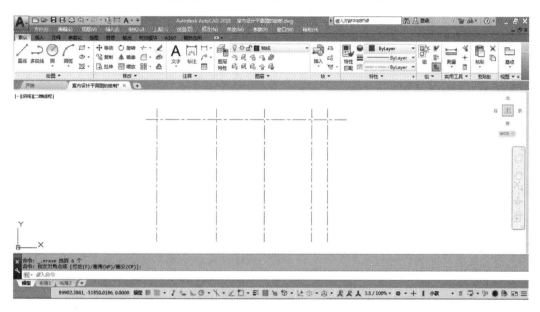

图 3-3-3-1　偏移得到四条垂直轴线

同样对水平轴线，偏移距离分别输入：2420、1070、2650、1340、1290，得到其他五条水平轴线，如图 3-3-3-2 所示。

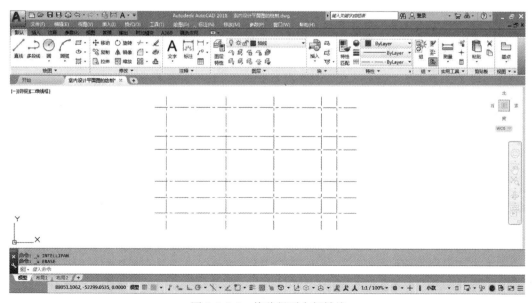

图 3-3-3-2　偏移得到全部轴线

3.4 绘制墙体

轴线绘制好后，就可以开始正式绘制墙体了。对于这样的室内设计平面图，要绘制的墙体包括建筑的承重墙和室内的隔墙。有了轴线，我们仍可以利用"偏移"工具很简便地绘制墙体的线。

3.4.1 绘制外承重墙

利用"偏移"命令，将上方第一条水平轴线上下分别偏移 120，则得到厚度为 240 的外承重墙线。

在命令行输入：offset，或点击

命令行提示：指定偏移距离或［通过（T）/删除（E）/图层（L）］：120

命令行提示：选择要偏移的对象或［退出（E）/放弃（U）］＜退出＞：（选择该轴线）

命令行提示：指定点以确定偏移所在一侧或［退出（E）/多个（M）/放弃（U）］＜退出＞：（在该直线下方单击）

命令行提示：选择要偏移的对象或［退出（E）/放弃（U）］＜退出＞：（再次选择该轴线）

命令行提示：指定点以确定偏移所在一侧或［退出（E）/多个（M）/放弃（U）］＜退出＞：（在该直线上方单击）

得到两条线，如图 3-4-1-1 所示。

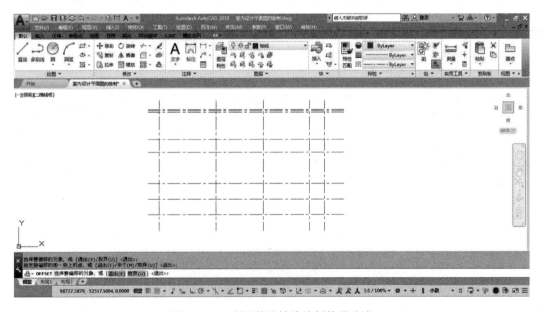

图 3-4-1-1　利用偏移轴线绘制外承重墙

因为是利用轴线偏移，所以还需对其进行特性修改，以把其转换为墙体线。选中这两条直线，打开"图层"下拉框，选择"墙体"层，则会发现这两条直线变为黑色的实线了，也就是已转换到"墙体"层了，如图 3-4-1-2 所示。

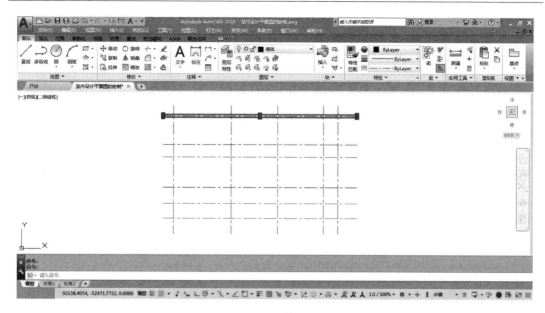

图 3-4-1-2　修改特性

同样的方法，再把其余的厚度为 240 的外墙偏移出来，如图 3-4-1-3 所示。

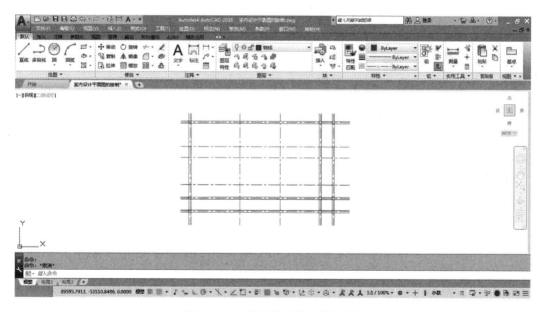

图 3-4-1-3　偏移得到其余外承重墙

3.4.2　绘制厚度为 120 的内墙

用同样的方法使用"偏移"命令，因为是厚度为 120 的内墙，因此偏移距离应为 60，将内墙画出，如图 3-4-2-1 所示。

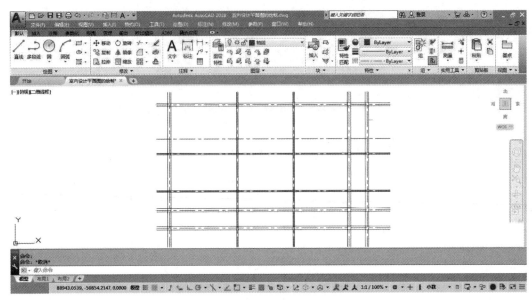

图 3-4-2-1　偏移得到厚 120 的内墙

3.4.3　绘制厚度为 100 的轻体墙

卫生间右侧的墙是厚度为 100 的轻体墙，用上述同样的方法，偏移而得到，如图 3-4-3-1 所示。至此所有的墙体线都通过"偏移"命令绘制出来了。

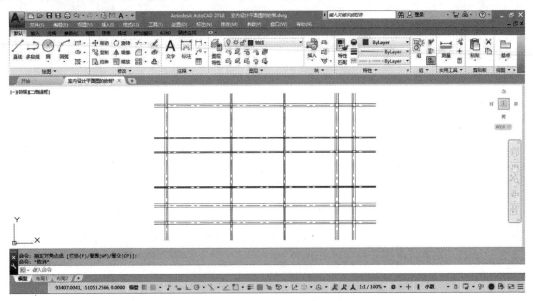

图 3-4-3-1　偏移得到轻体内墙

3.5　修改墙体

此时已得到所有的墙体线，但因为是用轴线偏移得到的，所以很显然还需要进行剪切修改，从而得到最后的墙体轮廓。

3.5.1　关闭轴线

打开"图层"下拉框，将"轴线"图层前的小灯泡💡点灭🔅，这样就将"轴线"图层关闭，这样做是使图形更加清楚，以便于下边对墙体线进行修改，如图 3-5-1-1 所示。

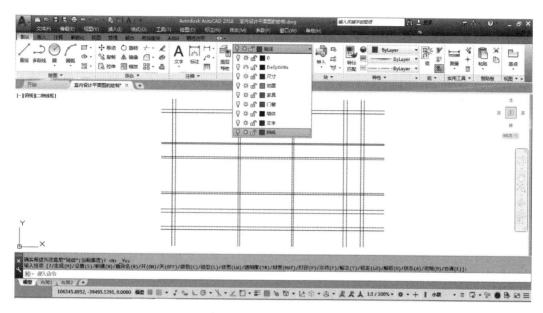

图 3-5-1-1　关闭"轴线"图层

3.5.2　对墙体线进行剪切修改

以左上角的墙体修改为例，输入快捷键"TR"（Trim）或者点击"修改"面板中的"剪切"按钮。

命令行提示：选择对象或<全部选择>：（用鼠标点击选中内部的两条线，确认）

命令行提示：选择对象或<全部选择>：找到 1 个

命令行提示：选择对象：找到 1 个，共计 2 个（回车或者点击鼠标右键）

命令行提示：选择对象：选择要修剪的对象，或按住 Shift 键选择要延伸的对象，或 [栏选（F）/窗交（C）/投影（P）/边（E）/删除（R）/放弃（U）]：（用鼠标点击外部不需要的部分）

这样就把不需要的部分剪切掉了，具体的过程如图 3-5-2-1、图 3-5-2-2 所示。

用同样的方法剪切墙体的外轮廓线：

先选择剪切边界线，如图 3-5-2-3 所示。

再剪切掉多余的部分，如图 3-5-2-4 所示。

可以看到一个墙角就画好了。同样的方法，可以先把绘图窗口上方的外墙修剪好，如图 3-5-2-5 所示。

依次再修改绘图窗口左、右和下方的墙体线，如图 3-5-2-6 和图 3-5-2-7 所示。

修剪出卫生间和厨房的墙体，如图 3-5-2-8 和图 3-5-2-9 所示。

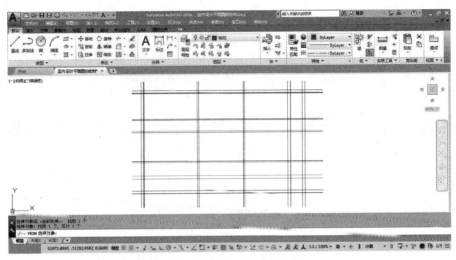

图 3-5-2-1　先选择剪切的边界线

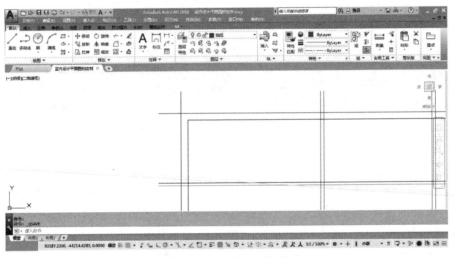

图 3-5-2-2　剪切的结果

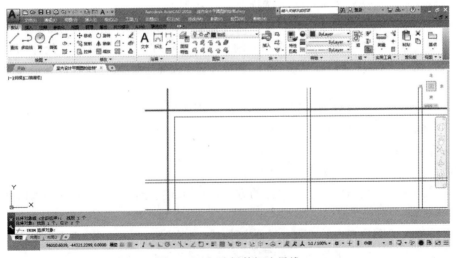

图 3-5-2-3　选择剪切边界线

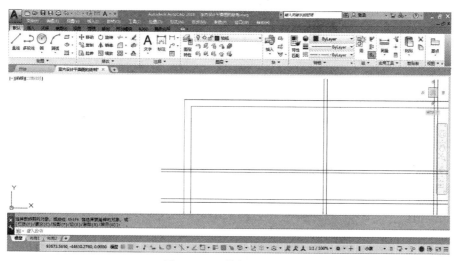

图 3-5-2-4　剪切后的结果

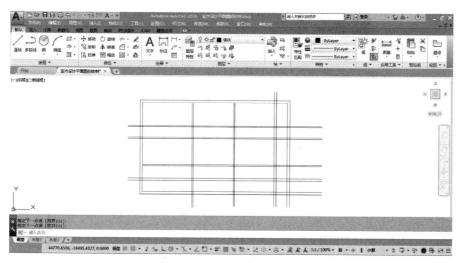

图 3-5-2-5　修剪绘图窗口上方的外墙

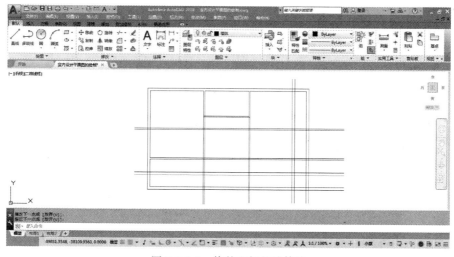

图 3-5-2-6　修剪左侧的墙体线

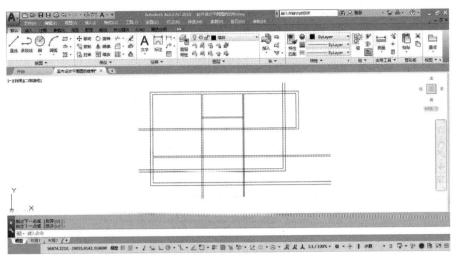

图 3-5-2-7　修剪右侧的墙体线

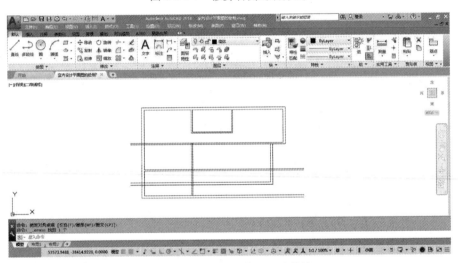

图 3-5-2-8　修剪卫生间的墙体线

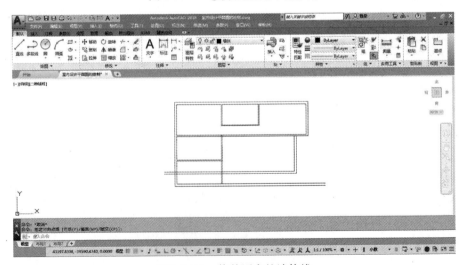

图 3-5-2-9　修剪厨房的墙体线

　　下面要将底部的外墙线修改，主要是要画出底部的门洞。要找到门洞线的位置，从图中给的尺寸可以知道门洞的位置，但怎样画门洞的线呢？为了方便定位，我们选择"新建 UCS 原点"的方法（用户坐标系 UCS 在第一章已经介绍过），也就是将图形的原点重新定在指定的位置，这样就可以根据新的原点的位置直接输入从图上读出的距离，更加直观和快捷。选择左下角 UCS 坐标轴，单击右键选择"原点"，则：

　　命令行提示：指定新原点<0，0，0>：

　　为方便接下来的输入，我们把新的原点定在图形右下角的内交角处。用鼠标选取右下角的内轮廓交点，则指定该点为新原点，如图 3-5-2-10 所示。

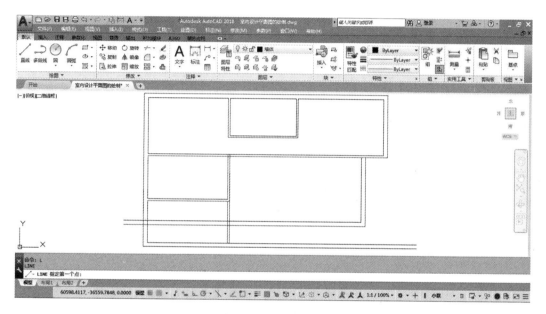

图 3-5-2-10　新建原点

　　有了新原点，就可以很方便地通过从建筑图中读到的数值，画出门洞线。

　　单击"直线"工具

　　命令行提示：指定第一点：（输入 −5550，0）

　　命令行提示：指定下一点或［放弃（U）］：（输入 @0，−240 回车确定）

　　则画出了右侧的门洞线，如图 3-5-2-11 所示。

　　再用"剪切"修改，就把门洞线确定了（如图 3-5-2-12）。

　　下面要把房间中部的门洞也确定下来，它的位置和刚画出的门洞是对应的，因此，我们可以利用"对象追踪"来捕捉定位点。先使屏幕底部的"对象捕捉追踪"处于开启状态，单击"直线"工具：

　　命令行提示：

　　命令：_line 指定第一点：

　　把鼠标放在刚画好的门洞线的上端点，停留片刻，再将鼠标垂直向上移动，则屏幕出现一条虚线，就好像是门洞线假想的延长线，在和中部墙体相交时停下，屏幕出现"交点"，如图 3-5-2-13 所示。

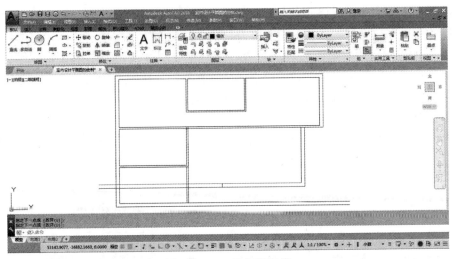

图 3-5-2-11　绘制门洞线

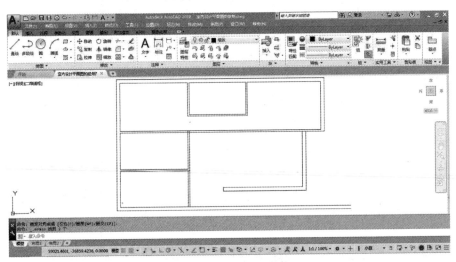

图 3-5-2-12　剪切出门洞线

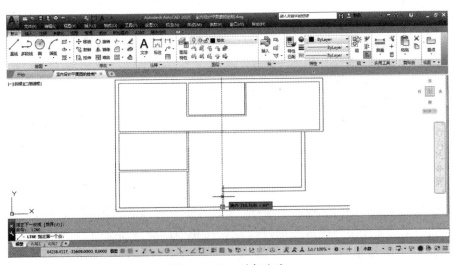

图 3-5-2-13　对象追踪

单击鼠标左键，则定位于假想延长线和中部墙体的交点。

命令行提示：

指定下一点或［放弃（U）］：（向上画垂线，确定）

这样就画出了该门洞线，如图 3-5-2-14 所示。

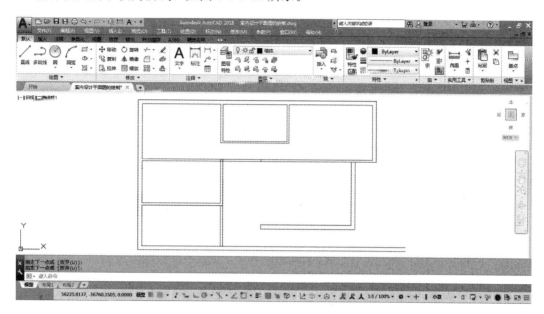

图 3-5-2-14　绘制门洞线

再用"剪切"修改，如图 3-5-2-15 所示。

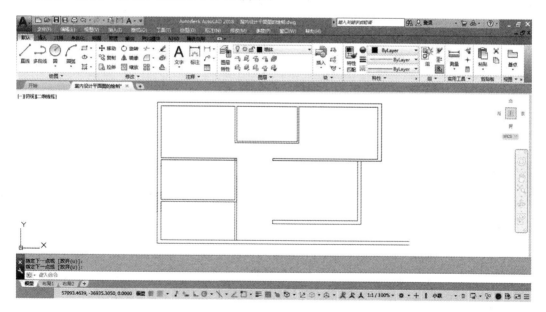

图 3-5-2-15　剪切出门洞

同样的方法，利用"对象追踪"，也可向下定位最下端墙体的门洞线，如图 3-5-2-16 所示。

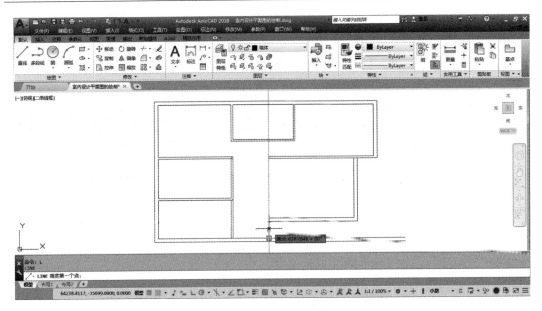

图 3-5-2-16 　对象追踪

进行"剪切"修改，并画出厚度为 50 的门垛，如图 3-5-2-17 所示。

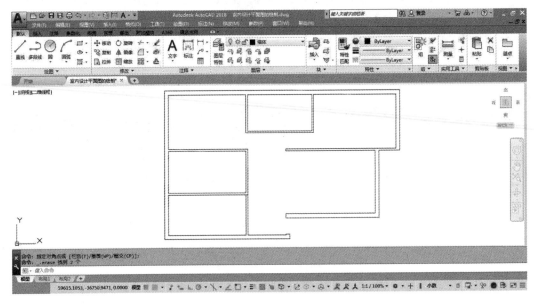

图 3-5-2-17 　剪切出门洞

在操作时要注意，"对象捕捉追踪"必须和"对象捕捉"同时工作，也就是说在使用"对象捕捉追踪"时必须使屏幕底部的"对象捕捉"也处于开启状态。

3.5.3 　画出内部房间门洞

下面修改内部的墙体，首先将卫生间的门洞画出。

卫生间的门采用 750 宽，门洞需留出 800，门距离左侧内墙角为 400，有了这些数据就可以画了。

我们还是可以利用"新建 UCS 原点"的方法来画。选择左下角 UCS 坐标轴，单击右键选择"原点"，将新原点定在左侧内墙角。再利用"直线"工具在距原点 400，0 的位置为起点，开始画一条垂线，如图 3-5-3-1 所示。

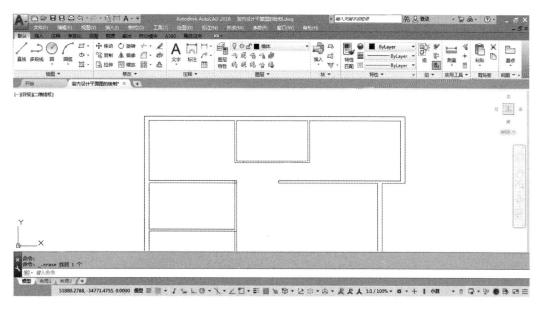

图 3-5-3-1　绘制卫生间门洞线

再用"偏移"工具，将该短线段向右偏移 800，就把门的两侧的轮廓线都画出来了，如图 3-5-3-2 所示。

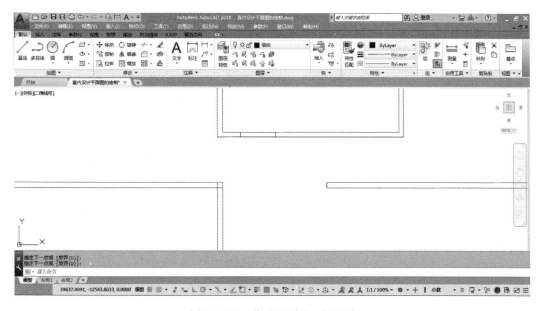

图 3-5-3-2　偏移得到另一门洞线

最后将中间多余部分利用"剪切"工具修剪掉，就得到一个宽为 800 的门洞，如图 3-5-3-3 所示。

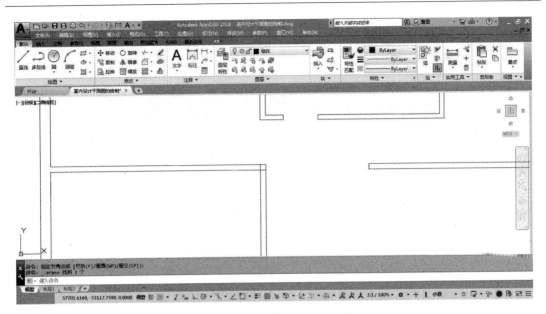

图 3-5-3-3　剪切完成卫生间门洞

　　下面修改次卧室和书房的墙体。现在图中次卧室的门洞距离为 1000，还要再画出一个 50 厚的门垛，如图 3-5-3-4 所示。这样次卧室的门洞为 950，选用的门即为宽 900 的门。

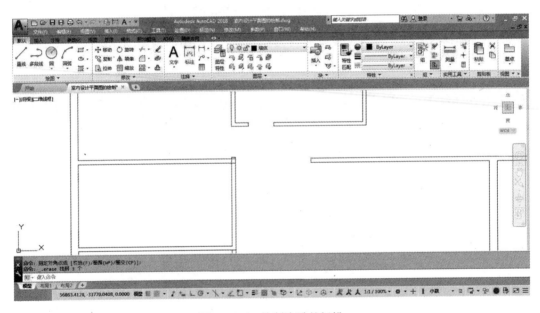

图 3-5-3-4　绘制次卧的门垛

　　书房的门的要求与次卧室是一样的，因此也要画出 50 厚的门垛，如图 3-5-3-5 所示。最后修改多余部分，得到如下结果，如图 3-5-3-6 所示。

　　下面要画厨房的门洞，厨房的门与卫生间的一样，选用宽为 750 的门，因此门洞需留出 800。与上述方法一样，先指定厨房上方墙体的右侧墙角点为新原点，在距原点为 0，−800 处为起点画水平线段，如图 3-5-3-7 所示。

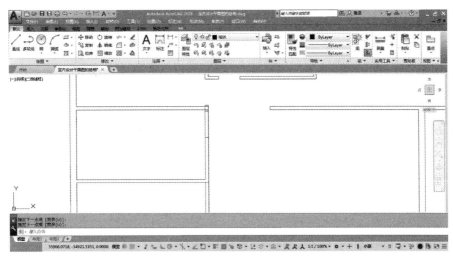

图 3-5-3-5　绘制书房的门垛

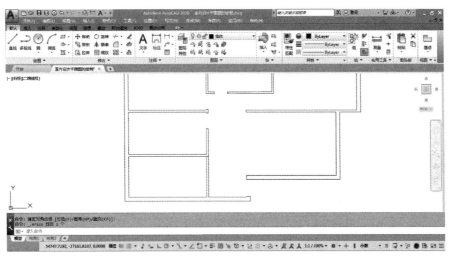

图 3-5-3-6　绘制书房的门洞

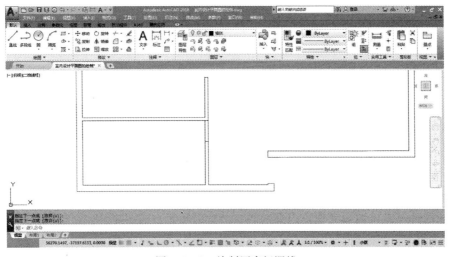

图 3-5-3-7　绘制厨房门洞线

剪切掉多余部分，即画出门洞，如图 3-5-3-8 所示。

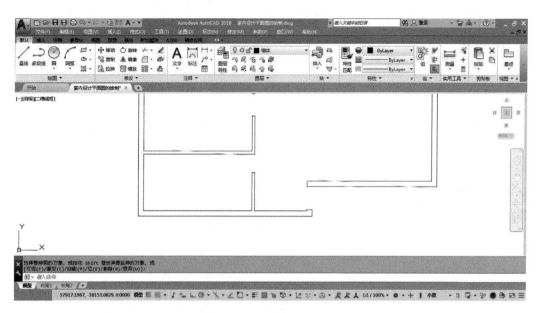

图 3-5-3-8　修剪完成厨房门洞

最后再把中部隔墙处加上厚 50 的门垛，如图 3-5-3-9 所示。

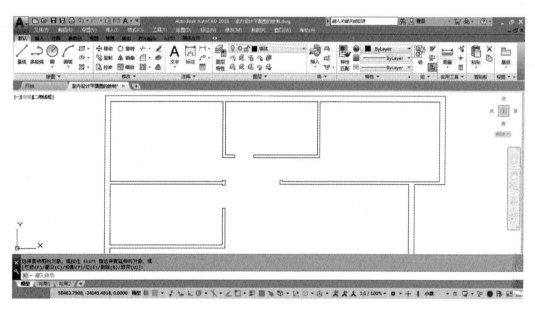

图 3-5-3-9　绘制中部隔墙的门垛

到此墙体已基本修改完成，内部的门洞也全部画完，如图 3-5-3-10 所示。

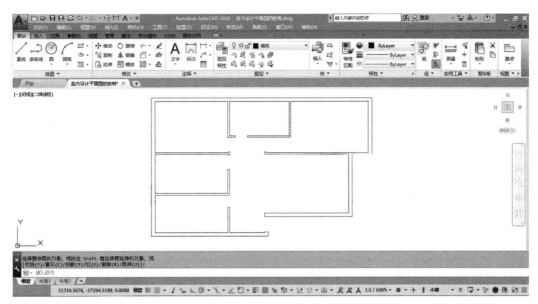

图 3-5-3-10　完成墙体的绘制

3.5.4　绘制窗洞

主卧室和次卧室的窗户一样，都为 1790，书房的窗户为 1500。以次卧室窗户为例，窗户距上方和下方的墙体都为 760，所以还是利用"新建 UCS 原点"的方法，先把原点定在图中次卧上侧内墙角，在距原点为 0，−760 处开始画水平线段，如图 3-5-4-1 所示。

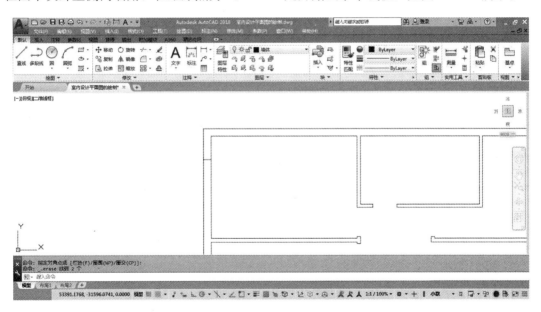

图 3-5-4-1　绘制次卧窗洞线

将该线段向下偏移 1790，得到窗户的两条边界线，再剪切掉中间多余部分即可，如图 3-5-4-2 所示。

同样的方法，做出其余的窗洞，最终效果如图 3-5-4-3 所示。

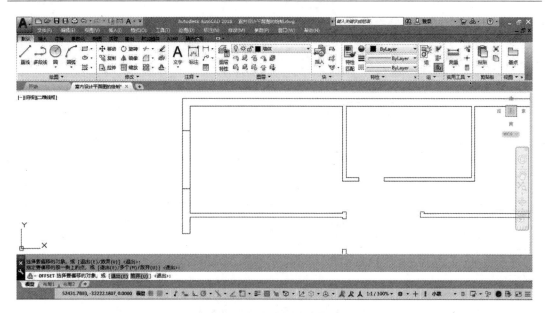

图 3-5-4-2 绘制次卧窗洞

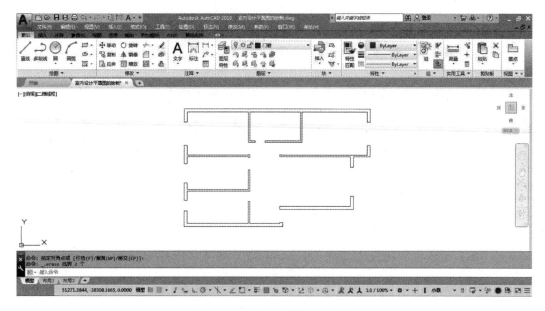

图 3-5-4-3 完成全部窗洞的绘制

3.6 绘制阳台、门窗

3.6.1 绘制两个阳台

（1）绘制客厅阳台

该住宅有两个阳台，先绘制右侧客厅的阳台。

阳台的长度为 3750，所以采用┛工具，命令行提示：

指定第一点：（起点为客厅外墙右上墙角）

指定下一点或［放弃（U）］：（输入@0，－3750）

指定下一点或［放弃（U）］：（终点位于左侧墙体的垂足，回车确定）

这样就画出阳台的轮廓线，如图 3-6-1-1 所示。

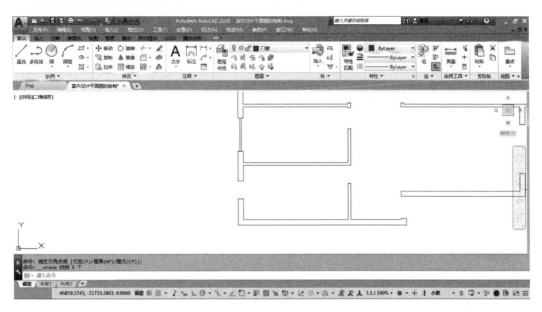

图 3-6-1-1　绘制阳台轮廓线

下面利用"多线"工具，沿阳台轮廓线一次画出两条线。

在命令行输入"mline"，或者快捷键"ML"

命令行提示：

指定起点或［对正（J）/比例（S）/样式（ST）］：若键入 J，则出现：

输入对正类型［上（T）/无（Z）/下（B）］＜上＞：键入 Z，选择无对正。

命令又回到：

指定起点或［对正（J）/比例（S）/样式（ST）］：键入 S，则出现：

输入多线比例＜100，00＞：（输入 100）

即确定两条多线间的距离为 100。

这些参数确定好后，就可以按刚才所画轮廓的顺序，画出多线。

点击"多线"工具，

命令行提示：

指定起点或［对正（J）/比例（S）/样式（ST）］：（捕捉刚才所画轮廓线的起点）

指定下一点：（捕捉轮廓线折点）

指定下一点或［放弃（U）］：（捕捉轮廓线终点，回车确定）

客厅的阳台就这样完成了，如图 3-6-1-2 所示。

（2）绘制厨房阳台

下面再画厨房外的阳台，这是一个两侧带斜角的阳台。

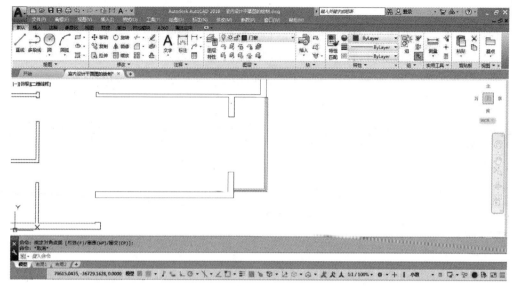

图 3-6-1-2　用多线绘制阳台

首先要画出两个斜角旁的直线部分，点击"直线"工具 ，

命令行提示：

指定第一点：（利用前边讲过的"对象追踪"的方法，先把鼠标放在厨房左上侧内墙角，再向左移动找到与外墙的假想的"交点"，捕捉这个"交点"）

指定下一点：（输入 1100，回车确定）

这样就画出了一条长为 1100 的线段，再将这条线段向下偏移 2350，得到阳台上下的两条轮廓线，如图 3-6-1-3 所示。

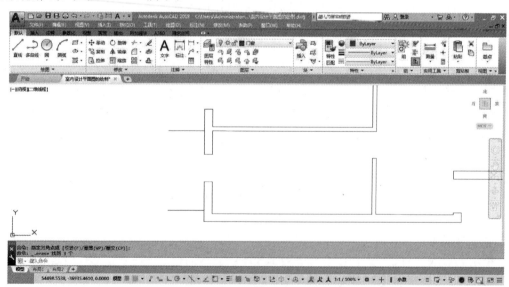

图 3-6-1-3　绘制厨房阳台

下面就要画阳台的两个斜角，可以有两种方法，下面分别介绍。

（1）"极轴追踪"法

单击屏幕底部的"极轴追踪"工具按钮，使其处于开启状态，并单击鼠标右键，点击

"设置"，打开"草图设置"对话框，选择"极轴追踪"，在"增量角"下拉对话框中选择
45，单击确定。这样在画直线时，会自动以 45°为单位追踪，如图 3-6-1-4 所示。

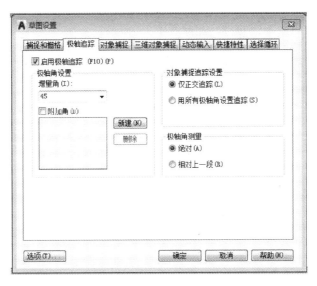

图 3-6-1-4　"草图设置"对话框

接下来就可以画斜角了，以上方刚画的轮廓线端点为起点，画斜线的另一点。

点击"直线"工具，

命令行提示：

指定第一点：（捕捉刚才所画线段的端点）

接下来当鼠标移动时，会发现凡是在 45°倍数的位置上，都会出现一条无限延伸的辅
助虚线，如图 3-6-1-5 所示。把光标向左下方移动，当追踪到 225°时，出现辅助虚线，这
时在命令栏输入线段长度：550。

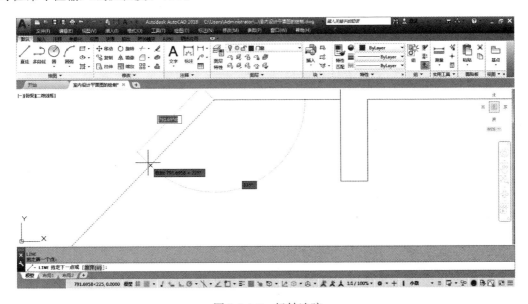

图 3-6-1-5　极轴追踪

指定下一点或［放弃（U）］：550

单击鼠标右键或回车确定，即得到一条与水平线呈 225°夹角，长为 550 的斜线段。

同样的方法可画出相对的另一条线段，只是用"极轴追踪"的角度不同。两线段端点相连，即画出了完整的阳台轮廓线，如图 3-6-1-6 所示。

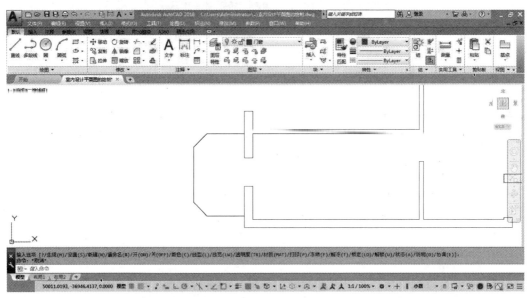

图 3-6-1-6　完成阳台轮廓线

小贴士：	怎样打开"极轴追踪"？
	单击屏幕底部的"极轴追踪"工具按钮，打开"草图设置"对话框，在"极轴追踪"选项组中的"启用极轴追踪"复选框前打勾。 　　按 F10 键也可以快捷地控制"极轴追踪"的打开和关闭。
小贴士：	为什么在正交模式下，"极轴追踪"不起作用？
	在正交模式下，光标被限制只能沿水平或垂直方向移动，因此正交模式和"极轴追踪"不能同时打开使用，若其中一个打开，则另一个会自动关闭。

（2）"极坐标"法

另一种方法也很简单，就是直接在命令栏输入极坐标。画斜角时利用"直线"工具，第一点先捕捉水平轮廓线的端点为起点，此时命令栏提示输入另一点的坐标，则按照极坐标的方法，输入角度和线段长度：

指定下一点或［放弃（U）］：@550＜225

"@"表示是相对坐标，550 表示线段的长度，225 表示夹角的度数，这样就画出了一条与水平方向呈 225 度角，长度为 550 的线段。

同样，相对的下方的斜角也可以用此方法画出，只是输入时角度不同：

指定下一点或［放弃（U）］：@550<135

利用输入极坐标的方法，两个斜角就都画好了。

画好轮廓线，下一步就是用"多线"工具画出沿轮廓线的玻璃。方法同上，沿阳台轮廓线画多线，多线比例仍然定为 100，如图 3-6-1-7 所示。

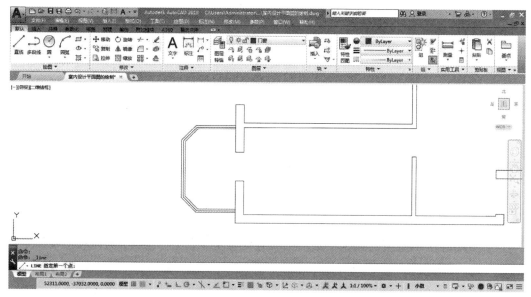

图 3-6-1-7　绘制完成的厨房阳台

3.6.2　绘制窗户

下面要为绘制好的窗洞加上窗户，以左上的次卧室的窗户为例。

注意：首先要把当前图层切换至"门窗"层，再利用"直线"命令，或点击工具栏上的，在窗洞两侧画出两条线段，如图 3-6-2-1 所示。

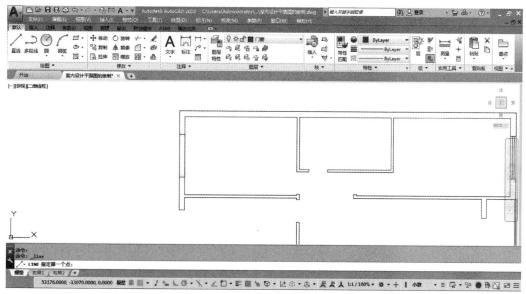

图 3-6-2-1　绘制窗户

利用偏移命令，或点击 ![icon]，

选中这两条线段的任意一个，输入偏移的量为 80，偏移两次，即得到内部的两条表示窗户的线段，如图 3-6-2-2 所示。

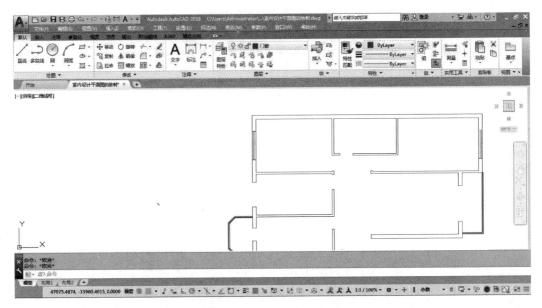

图 3-6-2-2　完成次卧窗户绘制

按照同样的方法，绘制出其他房间的窗户，最终如图 3-6-2-3 所示。

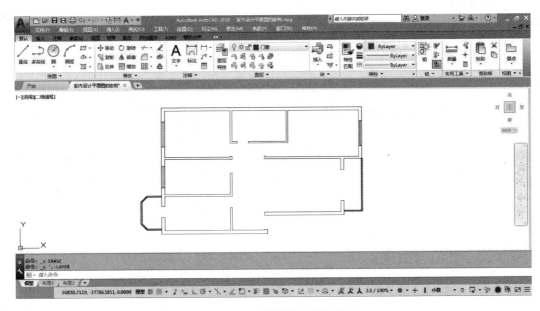

图 3-6-2-3　绘制其他房间的窗户

3.6.3　绘制门

下面我们来给各个房间加上门，这里我们利用"绘制块"和"插入块"的方法来绘制。

在 AutoCAD 中，常常要绘制一些重复出现的，且比较复杂的图形，这时就可以利用块，把这些图形做成块保存起来，需要时就插入块，这样就可以把绘图变成了拼图，避免了大量重复性的绘制工作。而且在插入块的同时还可以选择不同比例和旋转角度，非常方便。在前边基础知识的章节中对创建块已经作了讲解，这里将以门的绘制为例来介绍 WBLOCK 命令，即"写块"，也就是将块以文件的形式写入磁盘，然后在另一个文件中插入的方法。

这个居室中的门有三种规格，一般房间的门为 900，厨房和卫生间的门为 750，居室的大的户门为 950，所以就需要做二个不同规格的门，分别保存为块。

（1）首先创建块

另新建一个文件，开始绘制规格为 900 的门：

点击"绘图"工具栏中"矩形"按钮 □ ·，

命令行提示：

命令：_rectang

指定第一个角点或［倒角(C)/标高(E)/圆角(F)/厚度(T)/宽度(W)］：（任意点击一点）

指定另一个角点或［面积(A)/尺寸(D)/旋转(R)］：（输入@900，50，回车确定）

即画出一个宽 50、长 900 的门扇，如图 3-6-3-1 所示。

下面还要再画出门的弧线。点击"绘图"工具栏中"圆弧"按钮 ⌒，

命令行提示：

命令：_arc 指定圆弧的起点或［圆心（C）］：（选择右上角的点为起点）

指定圆弧的第二个点或［圆心(C)/端点(E)］：c（输入 C，表示选择圆心）

指定圆弧的圆心：（选择左上角的点为圆弧圆心）

指定圆弧的端点或［角度(A)/弦长(L)］：a（输入 A，表示要输入角度）

指定包含角：90（输入 90，即圆弧的包含角为 90 度）

这样就画出了门的圆弧线，整个门就绘制好了，如图 3-6-3-2 所示。

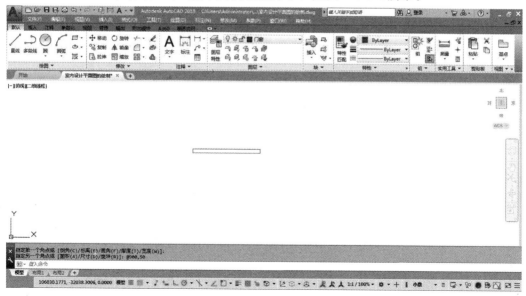

图 3-6-3-1　绘制门扇

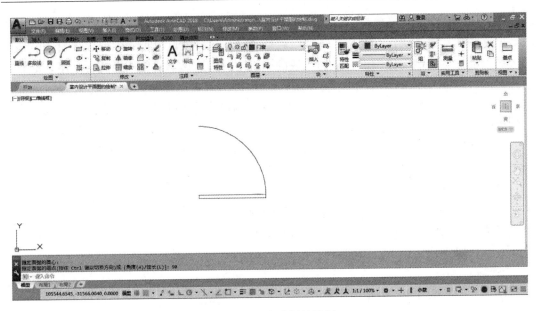

图 3-6-3-2　完成门的绘制

同样的方法，再画出另外两个规格分别为长 750、950 的门，如图 3-6-3-3 所示。

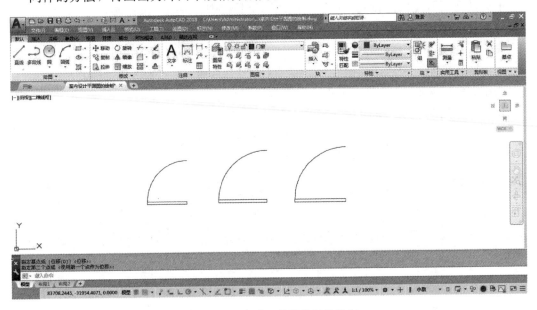

图 3-6-3-3　完成三种规格门的绘制

下面就要把绘制好的门创建为块：

在命令行输入"WBLOCK"命令，则弹出了"写块"对话框，如图 3-6-3-4 所示。

在对话框"源"选项组中，选择"块"按钮，可以将使用 BLOCK 命令创建的块写入磁盘；选择"整个图形"按钮，可以把全部图形写入磁盘；选择"对象"按钮，可以选择需要写入的对象。先把 900 的门写为块：

在"基点"选项组中，点击"拾取点"的按钮，这是来指定插入块的基点位置。在本例中选取 900 的门的左下角点为基点。

　　再点击"选择对象"按钮，切换到绘图窗口，用窗选法选取 900 规格的门，回车后返回"写块"对话框。

　　在"目标"选项组中，可以设置块的名称和保存位置。在"文件名和路径"中输入"D:\cad2018 \ men1"。确定后就把这个门以块的形式写入了磁盘（如图 3-6-3-5）。

图 3-6-3-4　"写块"对话框

图 3-6-3-5　"写块"对话框

　　同样的方法，把另外两个门分别写成块，文件名可定为 men2、men3，路径与第一个块相同。

　　（2）在文件中插入块

　　下面再回到原来的居室平面图文件，准备插入刚才写好的块。

　　先把当前图层设为"门窗"层。

　　在"块"面板中单击"插入"按钮，弹出"插入"对话框（如图 3-6-3-6）。

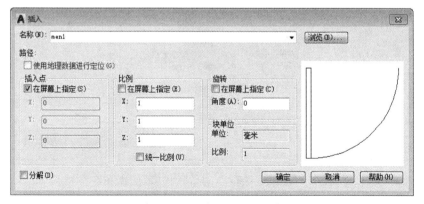

图 3-6-3-6　"插入"块对话框

　　通过"浏览"按钮选择刚才定义的块的名字，选择"men1"。

　　"插入点"选项组用于设置块的插入点位置，可以直接输入 X、Y、Z 的坐标，也可以选中"在屏幕上指定"的复选框，直接在屏幕上指定点插入。本例就可以直接在屏幕上指定。

"缩放比例"保留为 1。

"旋转"的角度保留为 0。

确定后切换到绘图窗口，会发现刚才绘制的门已经出现在窗口中，鼠标移动其位置也跟着移动，插入的基点选在主卧室的门洞下方右边的点，如图 3-6-3-7 所示，点击鼠标左键确定，这个门就被插入到指定位置了。

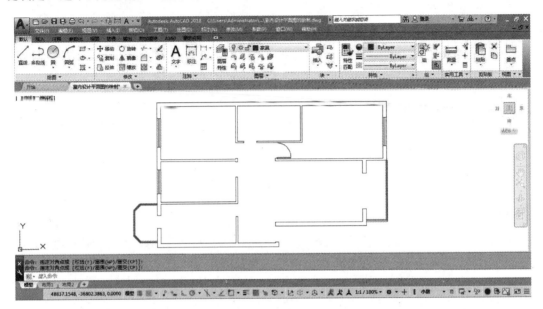

图 3-6-3-7　插入主卧室的门

再为书房插入门，由于门的开启方向与主卧不一样，所以在插入时需将"插入"对话框中的"旋转"角度改为 180°，如图 3-6-3-8 所示。

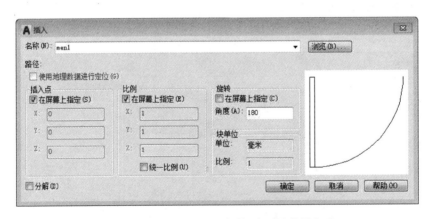

图 3-6-3-8　在"插入"对话框中更改旋转角度

确定后切换到绘图窗口，指定的插入基点为书房门洞左上角的点，确定后这个门也就插好了，如图 3-6-3-9 所示。

用同样的方法，把其他房间的门依次插入，这样整个居室的建筑墙体部分就全部绘制完成了，如图 3-6-3-10 所示。

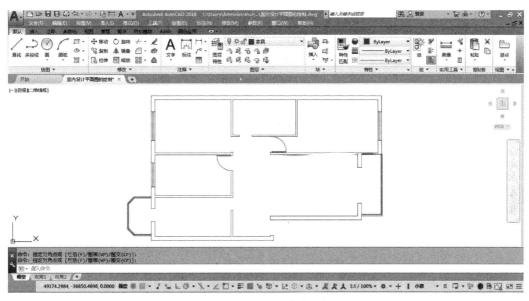

图 3-6-3-9　插入书房的门

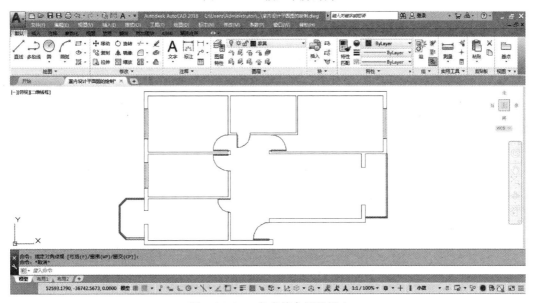

图 3-6-3-10　完成其余门的插入

3.7　绘制并布置家具

居室的平面设计图中家具的布置是十分重要的，一般要根据不同房间的功能进行家具的布置，主要的家具有客厅的沙发、茶几、视听柜；卧室的床、床头柜、衣柜；书房的书桌、书柜；卫生间的洁具和厨房的橱柜、餐桌等，有时还会加上一些植物作点缀。居室平面设计图中的家具只是为了表示家具摆放的位置和房间的功能，并不是要表达家具真正的造型，所以家具单体的绘制力求简洁，表达正确的尺度即可，有时也可以利用现有的模板调入，而不用自己绘制。

本例中的家具还是利用写块和插入块的方法来绘制。先根据正确的尺度，把所用到的家具在另一个文件中画出，由于单件家具的绘制方法没有什么特殊之处，所用的命令都已在前边讲解过，所以具体的绘制过程就不再叙述了。

3.7.1　绘制家具

如图 3-7-1-1 所示，已经分别绘制好了所需的部分家具，沙发、视听柜、主卧和次卧的床、衣柜，以及厨房的橱柜平面图。再按照上边讲的写块的方法，分别把这些家具单体写为块保存起来。

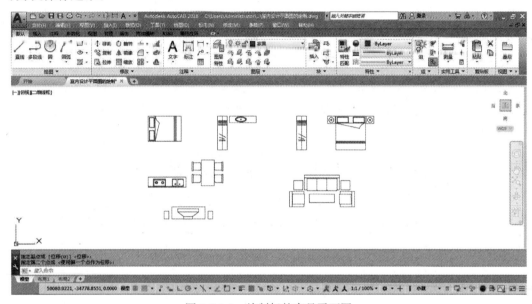

图 3-7-1-1　绘制好的家具平面图

3.7.2　插入家具

下面再回到原来平面图的绘图窗口，先把当前图层设为"家具"层。

在"块"面积中点击"插入"按钮🔲，在弹出"插入"对话框的"名称"选项后，通过浏览选择刚才定义好的块的名称，如选择次卧室的床："bed1"，"旋转"的角度设为90°，插入，如图 3-7-2-1 所示。

图 3-7-2-1　插入床

切换到绘图窗口，将插入基点选在房间内的左上角的点，确定。床就布置在这个房间里了，如图 3-7-2-2 所示。

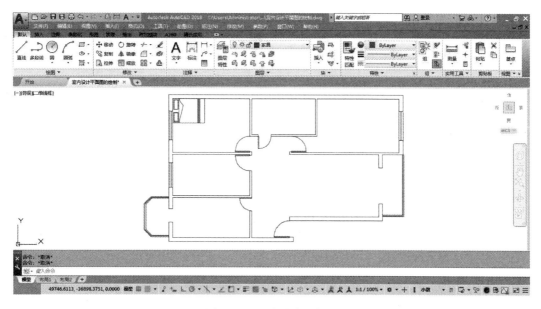

图 3-7-2-2　完成床的插入

同样的方法，再插入其他家具单体到合适的位置，插入时的位置、角度都可以根据需要随时调整，如图 3-7-2-3 所示。

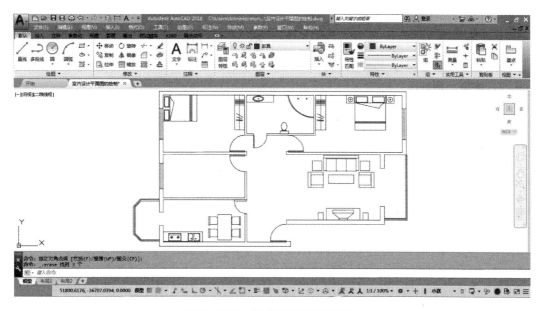

图 3-7-2-3　完成其他家具的插入

最后还可以再插入写字台、植物等家具及配饰，最终完成的家具布置如图 3-7-2-4 所示。

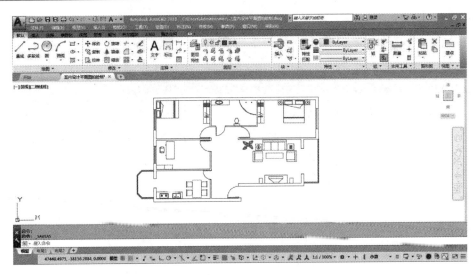

图 3-7-2-4　完成家具的布置

3.8　地面填充

室内设计平面图有时还需要对地面的材质加以表示，如木地板、地毯、地砖等，我们可以利用"图案填充"的方法来实现。

"图案填充"的具体操作在前边的章节已经讲解过，这里就以卫生间地面的填充为例再讲解一次。

3.8.1　填充卫生间的地面

首先把当前图层设为"地面"层。因为填充要找到一个封闭的面，所以为方便起见，先在门口处画一条线段，把整个卫生间的地面封闭，如图 3-8-1-1 所示。

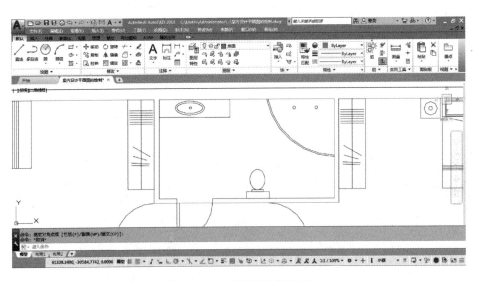

图 3-8-1-1　封闭卫生间地面

在"绘图"面板中点击"图案填充"按钮，进入"图案填充创建"专用功能区上下文选项卡中。

在"图案填充创建"选项卡上单击"选项"面板中的对话框启动按钮，可以弹出"图案填充和渐变色"对话框，如图 3-8-1-2 所示，在"其他预定义"中我们选择了名称为"NET"的图案样例，用来表示卫生间的地砖，如图 3-8-1-3 所示。

图 3-8-1-2　"图案填充和渐变色"对话框

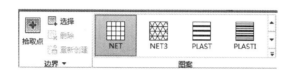

图 3-8-1-3　选择填充样例

在"边界面板上"，点击"拾取点"，切换到绘图窗口，在卫生间地面内部任意点单击，则发现周围封闭的一圈线都变为虚线，说明已找到了封闭的区域，如图 3-8-1-4 所示。

确定后在"特性"面板上，把"比例"改为 50。

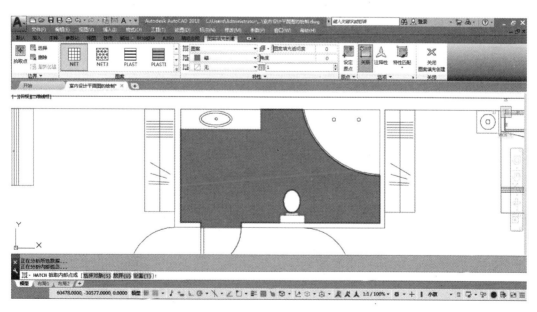

图 3-8-1-4　"拾取"填充面

确定后地面的填充就做好了，如图 3-8-1-5 所示。

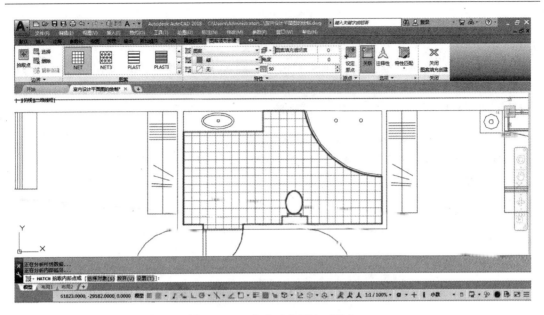

图 3-8-1-5　完成卫生间地面填充

3.8.2　填充厨房和门厅的地面

同样的方法可以填充厨房、阳台和门厅的地面，完成后的效果如图 3-8-2-1 所示。

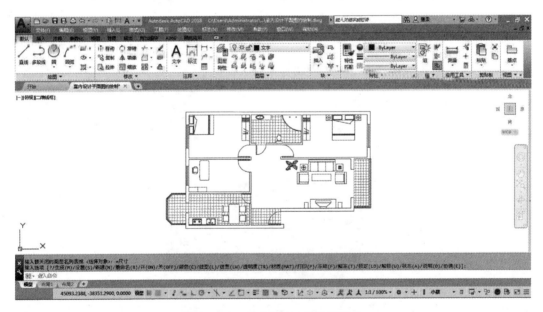

图 3-8-2-1　完成其他房间地面填充

3.9　标注尺寸

平面图画好后，还需要标上一些主要的尺寸，首先将当前图层切换至"尺寸"层，开始进行尺寸标注。

在"注释"选项卡——"标注"面板中点击"标注样式",或者在菜单栏中"格式"里选择"标注样式",则弹出"标注样式管理器"对话框,如图 3-9-1 所示。点击"修改标注样式",对标注尺寸的样式可以进行修改,如图 3-9-2 所示。

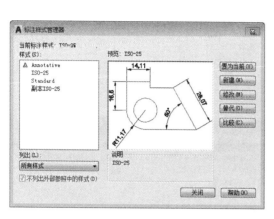

图 3-9-1　打开"标注样式管理器"对话框

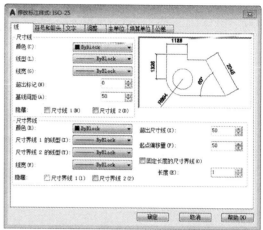

图 3-9-2　修改尺寸线和尺寸界线

如选择箭头形式为"建筑标记",箭头大小改为 100,如图 3-9-3 所示。文字高度改为 200,文字偏移量为 100 等,如图 3-9-4 所示。

图 3-9-3　修改箭头

图 3-9-4　修改文字大小

下面就可以开始尺寸标注,主要利用的是"线性标注""连续标注"等命令,与前边基础知识章节讲过的方法是一样的,就不再一一叙述了,标注后如图 3-9-5 所示。

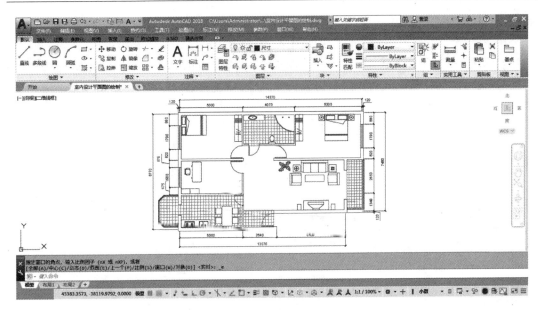

图 3-9-5　完成尺寸标注

3.10　编辑文字

在平面设计图中，有时还要在图中加上文字加以说明，一般用来表示房间名称、材料、室内的设施等。在本例中，我们也加上一些文字，表示各个房间以及地面的铺装材料。

首先把当前图层设为"文字"层。在"常用"选项卡——"注释"面板中点击"注释"出现延伸窗口，然后点击"文字样式"按钮弹出"文字样式"对话框。新建"样式1"，选择字体为"宋体"，字体高度为 400，确定，如图 3-10-1 所示。

图 3-10-1　"文字样式"对话框

返回绘图窗口，采用"单行文字"或"多行文字"命令，如利用"多行文字"命令，则点击"常用"选项卡——"注释"面板中的"文字"下拉按钮中的"多行文字"，功能区会开启多行文字选项卡，显示"文字编辑器"选项板，在绘图区光标处输入文字"次卧"，然后点击"关闭文字编辑器"按钮结束编辑，如图 3-10-2 所示。

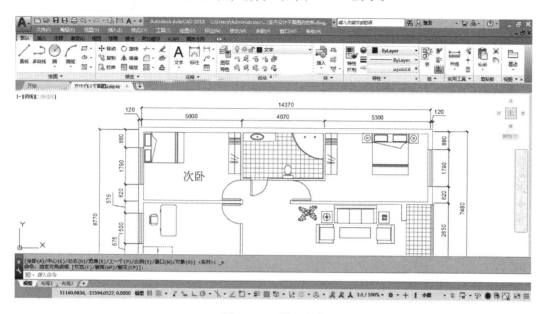

图 3-10-2　输入文字

同样的方法可以为其他的房间和地面材料加上文字标注，如图 3-10-3 所示。

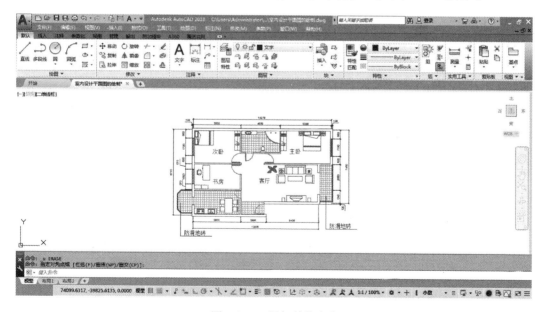

图 3-10-3　添加其他文字

到此，整个平面图的绘制也就完成了。

第 4 章 室内设计立面图的绘制

4.1 室内设计立面图简述

室内设计立面图是表现室内墙面装修及布置的图样，它除了固定的墙面装修外，尚可画出墙面上可灵活移动的装饰品，以及陈设的家具等设施，供观赏、检查室内设计艺术效果，以及绘制透视效果图所用。

所需要绘制的内容包括：剖切后所有能观察到的物品，如家具、家电等陈设物品的投影。但家具陈设等物品应根据实际大小，用统一比例图面绘制；标出室内空间竖向尺寸及横向尺寸；需要标明墙面装饰材料的材质、色彩与工艺要求，另外如墙面上有装饰壁面、悬挂的织物，以及灯具等装饰物时也应标明。

4.2 主卧立面图

本章以主卧立面图的制作为例（如图 4-2-1），循序渐进地讲述绘制立面图的方法与技巧。希望通过本章的学习您可以进一步熟悉 AutoCAD2018 中的常用命令和操作。

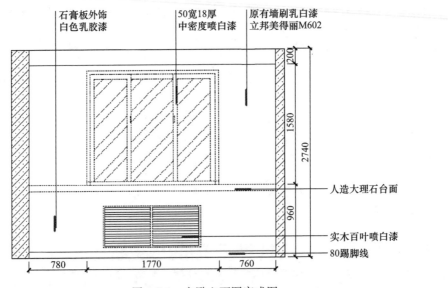

图 4-2-1 主卧立面图完成图

4.2.1 绘制墙体

在这一节中将讲述墙体、墙的顶角线、墙的踢脚线等图形的绘制方法。主要利用到

"直线"工具、"对象捕捉"工具、"修剪"工具及"偏移"工具。

（1）绘制墙的上端边线

单击状态栏中的"正交模式"按钮，打开正交模式。然后在"绘图"工具栏内选择✍工具，

命令行提示：命令：_line 指定第一点：（在绘图区的空白处单击鼠标指定第一点）

命令行提示：指定下一点或［放弃（U）］：@3670，0（在命令行或者绘图区键入数据）

命令行提示：指定下一点或［放弃（U）］：（单击鼠标右键，在弹出的快捷菜单中选择确认）

这样墙的上端边线即绘制完成。

（2）绘制墙的下端边线

在"修改"面板内选择偏移▣工具，

命令行提示：命令：_offset

　　　　　　当前设置：删除源＝否　　图层＝源　　OFFSETGAPTYPE＝0

命令行提示：指定偏移距离或［通过（T）/删除（E）/图层（L）］＜通过＞：2740

命令行提示：选择要偏移的对象，或［退出（E）/放弃（U）］＜退出＞：（选择所绘制线）

命令行提示：指定要偏移的那一侧上的点，或［退出（E）/多个（M）/放弃（U）］＜退出＞：

　　　　　　（在所绘直线下方单击）

命令行提示：选择要偏移的对象，或［退出（E）/放弃（U）］＜退出＞：

　　　　　　（单击鼠标右键，在弹出的快捷菜单中选择确认）

这样墙的下端边线即绘制完成。

（3）绘制左墙线

单击状态栏中的"对象捕捉"按钮，打开"对象捕捉"模式。然后在"绘图"工具栏内选择直线✍工具，

命令行提示：

命令：_line 指定第一点：

指定下一点或［放弃（U）］：（选择第一条直线的左边端点）

命令行提示：指定下一点或［放弃（U）］：（选择第二条直线的左边端点）

命令行提示：指定下一点或［放弃（U）］：（单击鼠标右键，在弹出的快捷菜单中选择确认）如图 4-2-1-1 所示。

（4）绘制墙体线

在"修改"工具栏内选择偏移▣工具，

命令行提示：命令：_offset

　　　　　　当前设置：删除源＝否　　图层＝源　　OFFSETGAPTYPE＝0

　　　　　　指定偏移距离或［通过（T）/删除（E）/图层（L）］＜2740.0000＞：240

命令行提示：选择要偏移的对象，或［退出（E）/放弃（U）］＜退出＞：（选择垂直线段）

命令行提示：指定要偏移的那一侧上的点，或［退出（E）/多个（M）/放弃（U）］＜退出＞：

　　　　　　（在所绘直线右方单击）

命令行提示：选择要偏移的对象，或［退出（E）/放弃（U）］＜退出＞：

　　　　　　（单击鼠标右键，在弹出的快捷菜单中选择确认）

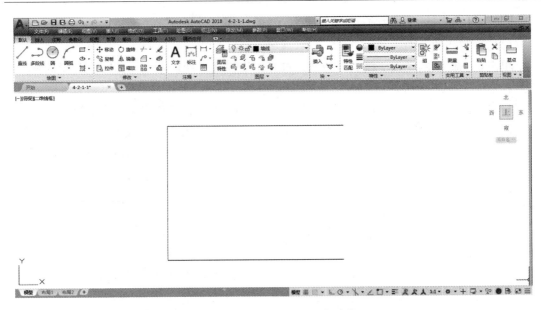

图 4-2-1-1　顶棚、地面及左墙线

　　将偏移后的垂直线段向右侧继续偏移 3310，再将最右侧的垂直线段向右偏移 120，这样就偏移出外墙体和内墙体的四条垂直线，如图 4-2-1-2 所示。

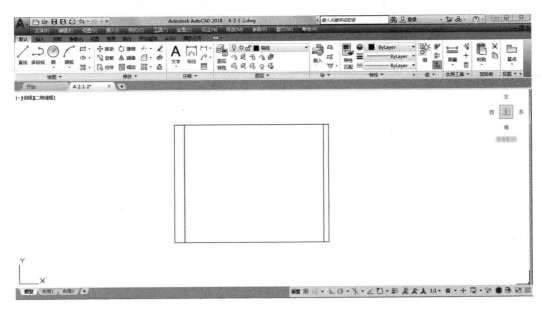

图 4-2-1-2　立面图大体轮廓线

（5）绘制顶角线

在"修改"工具栏内选择偏移 工具，

命令行提示：命令：_offset

　　　　　　当前设置：删除源=否　图层=源　OFFSETGAPTYPE=0

　　　　　　指定偏移距离或［通过(T)/删除(E)/图层(L)］<120.0000>：　　200

命令行提示：选择要偏移的对象，或［退出(E)/放弃(U)］＜退出＞：（选择上端水平线段）

命令行提示：指定要偏移的那一侧上的点，或［退出(E)/多个(M)/放弃(U)］＜退出＞：（在墙体上端水平线的下方单击）

命令行提示：选择要偏移的对象，或［退出(E)/放弃(U)］＜退出＞：（单击鼠标右键，在弹出的快捷菜单中选择确认）

（6）绘制踢脚线

在"修改"工具栏内选择偏移 工具，

命令行提示：命令：_offset

　　　　　　当前设置：删除源＝否　图层＝源　OFFSETGAPTYPE＝0

　　　　　　指定偏移距离或［通过(T)/删除(E)/图层(L)］＜200.0000＞：80

命令行提示：选择要偏移的对象，或［退出(E)/放弃(U)］＜退出＞：（选择底部水平线段）

命令行提示：指定要偏移的那一侧上的点，或［退出(E)/多个(M)/放弃(U)］＜退出＞：（在水平线的上方单击）

命令行提示：选择要偏移的对象，或［退出(E)/放弃(U)］＜退出＞：（单击鼠标右键，在弹出的快捷菜单中选择确认）

结果如图4-2-1-3所示。

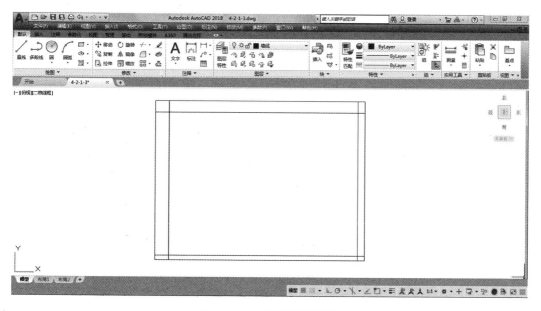

图4-2-1-3　顶角线及踢脚线

（7）修剪墙体

在"修改"工具栏内选择修剪 修剪 ·工具，

命令行提示：命令：_trim

　　　　　　当前设置：投影＝UCS，边＝无

　　　　　　选择剪切边（选择从左面起第二条垂直线，单击鼠标右键）

命令行提示：选择要修剪的对象，或按住 Shift 键选择要延伸的对象，或〔栏选（F）/窗交（C）/投影（P）/边（E）/删除（R）/放弃（U）〕：（选择外墙体内的顶角线和踢脚线部分）

重复 trim 命令，

命令行提示：命令：_trim

当前设置：投影＝UCS，边＝无

选择剪切边（选择从右面起第二条垂直线，单击鼠标右键）

命令行提示：选择要修剪的对象，或按住 Shift 键选择要延伸的对象，或〔栏选（F）/窗交（C）/投影（P）/边（E）/删除（R）/放弃（U）〕：（选择内墙体内的顶角线和踢脚线部分）

（8）绘制墙体填充线

将"墙体填充线"设置为当前层，颜色为红色，如何设置图层在第一章已有详细的讲述，这里不再重复。

在功能区面板的"绘图"中单击填充 按钮，填充图案选择"SACNCR"一项。在"特性"一栏里调整比例，输入"30"。单击"边界"中的"拾取点"按钮，将鼠标移动到绘外墙体和内墙体内部，此时 AutoCAD2018 会在填充命令尚未执行前显示执行后的效果，然后点击鼠标左键，这样内、外墙体线填充即完成。最后单击鼠标右键，在弹出的快捷菜单中选择确认。

绘制完成后如图 4-2-1-4 所示。

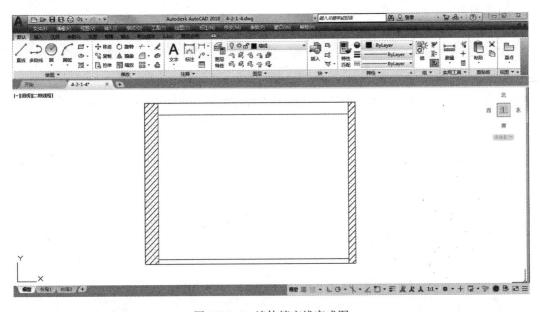

图 4-2-1-4　墙体填充线完成图

4.2.2　绘制窗

本节主要介绍窗的绘制方法和技巧，在这里，我们主要使用了"偏移""修剪""倒角"以及"图案填充"等工具。

（1）绘制窗户外轮廓线

在"修改"工具栏内选择偏移 工具，

命令行提示：命令：_offset

　　　　　　　当前设置：删除源＝否　图层＝源　OFFSETGAPTYPE＝0

　　　　　　　指定偏移距离或〔通过(T)/删除(E)/图层(L)〕＜80.0000＞：780

命令行提示：选择要偏移的对象，或〔退出(E)/放弃(U)〕＜退出＞：（选择外墙体的内墙线）

命令行提示：指定要偏移的那一侧上的点，或〔退出(E)/多个(M)/放弃(U)〕＜退出＞：（在垂直线的右侧单击）

命令行提示：选择要偏移的对象，或〔退出(E)/放弃(U)〕＜退出＞：（单击鼠标右键，在弹出的快捷菜单中选择确认）

　　继续将内墙体的内墙线向左侧偏移 760；顶棚线向下方偏移 280；地面线向上方偏移 880；将这条新偏移的线继续向下方偏移 80，绘制结果如图 4-2-2-1 所示。

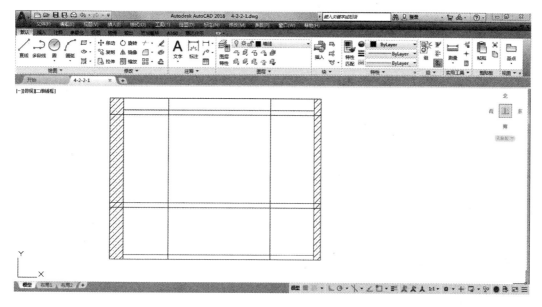

图 4-2-2-1　窗户轮廓线绘制完成图

（2）绘制窗轮廓线

单击"修改"工具栏上的修剪 ⊬修剪·命令，完成窗轮廓线的绘制。

命令行提示：命令：_trim

　　　　　　　当前设置：投影＝UCS，边＝无

　　　　　　　选择剪切边（选择从下面起第四条水平线，单击鼠标右键）

命令行提示：选择要修剪的对象，或按住 Shift 键选择要延伸的对象，或〔栏选(F)/窗交(C)/投影(P)/边(E)/删除(R)/放弃(U)〕：（选择新偏移的两条垂直线的下部）

　　继续重复 trim 命令，绘制结果如图 4-2-2-2 所示。

（3）修剪窗户轮廓线

　　单击"修改"工具栏上的"圆角"下拉列表中的倒角 ⊿倒角·按钮，命令提示如下：

命令行提示：命令：_chamfer

　　　　　　　（"修剪"模式）当前倒角距离 1＝0.0000，距离 2＝0.0000

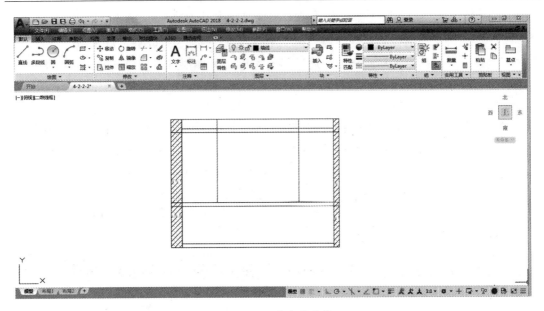

图 4-2-2-2　窗户偏移线

选择第一条直线或［放弃(U)/多段线(P)/距离(D)/角度(A)/修剪(T)/方式(E)/多个(M)］：（选择从上面起第三条水平线）

命令行提示：选择第二条直线，或按住 Shift 键选择直线以应用角点或［距离(D)/角度(A)/方法(M)］：（选择左侧窗户轮廓线）

重复倒角（chamfer）命令，

命令行提示：命令：_chamfer

（"修剪"模式）当前倒角距离 1＝0.0000，距离 2＝0.0000

选择第一条直线或［放弃(U)/多段线(P)/距离(D)/角度(A)/修剪(T)/方式(E)/多个(M)］：（选择从上面起第三条水平线）

命令行提示：选择第二条直线，或按住 Shift 键选择直线以应用角点或［距离(D)/角度(A)/方法(M)］：（选择右侧窗户轮廓线）

（4）修改窗户轮廓线的"特性"

将窗线和窗台线的特性改为"门窗"层。单击"标准"工具栏上的"特性"按钮，打开"特性"对话框，在"图层"一栏选择"门窗"一项，"门窗"图层为预先设置好的，有关建立图层的方法前面已有论述，这里不再赘述，如图 4-2-2-3 所示。

（5）偏移窗户内轮廓线

单击"修改"工具栏上的偏移 按钮，命令提示如下：

命令行提示：命令：_offset

当前设置：删除源＝否　图层＝源　OFFSETGAPTYPE＝0

指定偏移距离或［通过(T)/删除(E)/图层(L)］＜80.0000＞：45

命令行提示：选择要偏移的对象，或［退出(E)/放弃(U)］＜退出＞：（选择窗框左侧的外轮廓线）

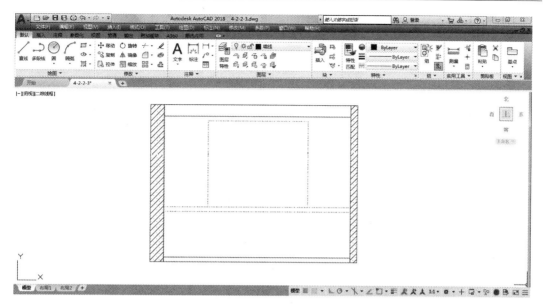

图 4-2-2-3　窗体轮廓线

命令行提示：指定要偏移的那一侧上的点，或［退出(E)/多个(M)/放弃(U)］＜退出＞：

（在垂直线的右侧单击）

命令行提示：选择要偏移的对象，或［退出(E)/放弃(U)］＜退出＞：

（单击鼠标右键，在弹出的快捷菜单中选择确认）

继续将新偏移的线向右侧偏移，将偏移值设置为 60，440，60，560，60，440，60；

继续重复偏移（offset）命令，

命令行提示：命令：_offset

当前设置：删除源＝否　图层＝源　OFFSETGAPTYPE＝0

指定偏移距离或［通过(T)/删除(E)/图层(L)］＜60.0000＞：45

命令行提示：选择要偏移的对象，或［退出(E)/放弃(U)］＜退出＞：（选择窗框上

部的外轮廓线）

命令行提示：指定要偏移的那一侧上的点，或［退出(E)/多个(M)/放弃(U)］＜退出＞：

（在水平线的下方单击）

命令行提示：选择要偏移的对象，或［退出(E)/放弃(U)］＜退出＞：

（单击鼠标右键，在弹出的快捷菜单中选择确认）

继续将新偏移的线向下方偏移，将偏移值设置为 60，1365，如图 4-2-2-4 所示。

（6）修剪窗户轮廓线

单击"修改"工具栏上的修剪 ⊢修剪·命令，完成窗线的绘制。

命令行提示：命令：_trim

当前设置：投影＝UCS，边＝无

选择剪切边（选择从下面起第五条水平线，单击鼠标右键）

命令行提示：选择要修剪的对象，或按住 Shift 键选择要延伸的对象，或［栏选(F)/

窗交(C)/投影(P)/边(E)/删除(R)/放弃(U)］：（选择新偏移的垂直窗线的下部）

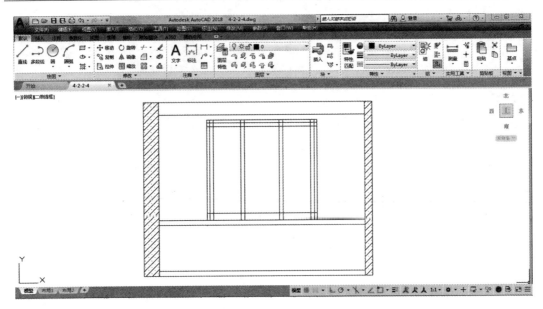

图 4-2-2-4　窗户内部偏移线

依次继续修剪。

单击"修改"工具栏上的倒角 倒角 · 按钮，

命令行提示：命令：_chamfer

（"修剪"模式）当前倒角距离 1＝0.0000，距离 2＝0.0000

选择第一条直线或［放弃(U)/多段线(P)/距离(D)/角度(A)/修剪(T)/方式(E)/多个(M)］：（选择从上面起第三条水平窗线）

命令行提示：选择第二条直线，或按住 Shift 键选择直线以应用角点或［距离(D)/角度(A)/方法(M)］：（选择从左侧起第三条垂直窗线）

依次继续倒角。

继续采用修剪 修剪 · 和倒角 倒角 · 命令对图形进行修改，过程不再一一赘述。

（7）绘制窗户把手

单击"绘图"工具栏上矩形 按钮，

命令行提示：命令：_rectang

指定第一个角点或［倒角(C)/标高(E)/圆角(F)/厚度(T)/宽度(W)］：（在屏幕上单击任意一点）

命令行提示：指定另一个角点或［面积(A)/尺寸(D)/旋转(R)］：@15，80

将这个矩形移动到窗框上合适的位置，并复制一个。这样两个窗把手即绘制完成。

（8）为玻璃绘制填充线

首先将图层"填充线"设置为当前层。

同上面提到的绘制填充线步骤类似，在功能区面板的"绘图"中单击填充 按钮，填充图案选择"ANSI32"一项。

在"特性"一栏里调整比例，输入"30"。单击"边界"中的"拾取点"按钮，将鼠标移动到窗玻璃内部，此时会显示填充命令执行后的效果，然后点击鼠标左键，这样玻璃的填充线即绘制完成。最后单击鼠标右键，在弹出的快捷菜单中选择确认。绘制完成后如图 4-2-2-5 所示。

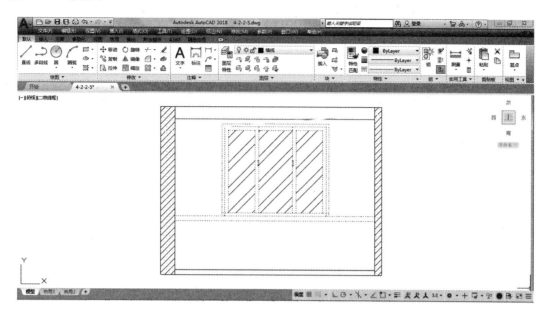

图 4-2-2-5　窗户完成图

4.2.3　绘制百叶暖气罩

（1）偏移暖气罩轮廓线

单击"修改"工具栏上偏移 按钮，

命令行提示：命令：_offset

当前设置：删除源＝否　图层＝源　OFFSETGAPTYPE＝0

指定偏移距离或〔通过（T）/删除（E）/图层（L）〕＜80.0000＞：60

命令行提示：选择要偏移的对象，或〔退出（E）/放弃（U）〕＜退出＞：（选择踢脚线）

命令行提示：指定要偏移的那一侧上的点，或〔退出（E）/多个（M）/放弃（U）〕＜退出＞：

（在该水平线的上方单击）

命令行提示：选择要偏移的对象，或〔退出（E）/放弃（U）〕＜退出＞：

（单击鼠标右键，在弹出的快捷菜单中选择确认）

继续将新偏移的线向上方偏移，将偏移值设置为 20，500，20；

继续重复 offset 命令，

命令行提示：命令：_offset

当前设置：删除源＝否　图层＝源　OFFSETGAPTYPE＝0

指定偏移距离或〔通过（T）/删除（E）/图层（L）〕＜20.0000＞：1000

命令行提示：选择要偏移的对象，或〔退出（E）/放弃（U）〕＜退出＞：（选择外墙体的内侧墙线）

命令行提示：指定要偏移的那一侧上的点，或〔退出（E）/多个（M）/放弃（U）〕＜退出＞：

（在该垂直线的右侧单击）

命令行提示：选择要偏移的对象，或［退出(E)/放弃(U)］＜退出＞：

（单击鼠标右键，在弹出的快捷菜单中选择确认）

继续将新偏移的线向右侧偏移，将偏移值设置为 20，625，20，625，20；

将新偏移的线利用"特性"命令将其改为"家具及其他"图层。方法如上所述。绘制结果如图 4-2-3-1 所示。

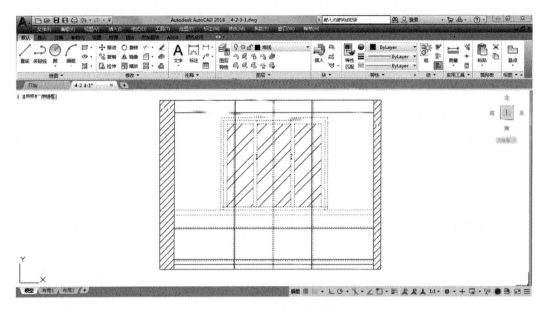

图 4-2-3-1　暖气罩偏移线

（2）修剪暖气罩轮廓线

在"修改"工具栏里单击倒角⌂倒角·和修剪⌂修剪·按钮，对暖气罩边缘进行修改。具体步骤如上，不再赘述，最终图形效果如图 4-2-3-2 所示。

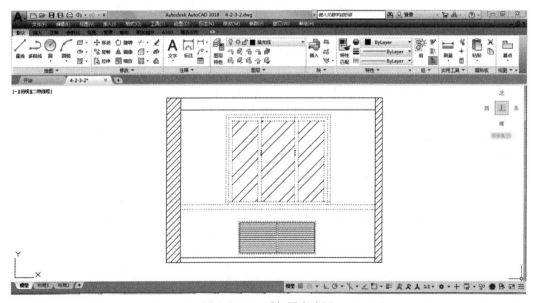

图 4-2-3-2　暖气罩完成图

（3）绘制暖气罩填充线

在功能区面板的"绘图"中单击填充 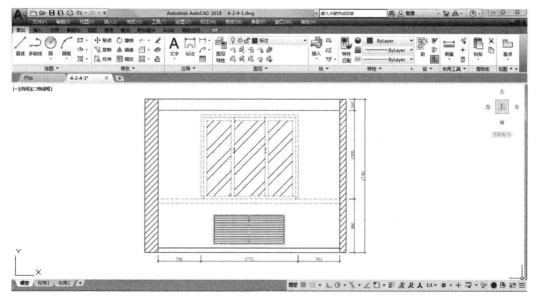 按钮，填充图案选择"ANSI31"一项。在"特性"一栏里调整比例，输入"10"。在"角度"一栏里输入"-45"。单击"边界"中的"拾取点"按钮，将鼠标移动到左右两块暖气罩上面上，此时会显示填充命令执行后的效果，然后点击鼠标左键。这样暖气罩的填充线即绘制完成。最后单击鼠标右键，在弹出的快捷菜单中选择确认。绘制完成后如图 4-2-3-2 所示。

4.2.4　尺寸标注

（1）设置标注样式

将"尺寸标注"图层设置为当前图层。在功能区单击"注释"选项卡，单击"标注"面板，单击"标注"面板上的"标注，标注样式"按钮。打开"标注样式管理器"对话框，修改各项目直到合适为止，具体方法与平面图标注类似。

（2）进行线性标注

功能区单击"注释"选项卡，单击"标注"面板，在下拉菜单中选择"线性标注"，

命令行提示：命令：_dimlinear

指定第一条尺寸界线原点或＜选择对象＞：（单击要标注的尺寸界线的原点）

命令行提示：指定第二条尺寸界线原点：（单击要标注的另一条尺寸界线的原点）

命令行提示：指定尺寸线位置或［多行文字（M）/文字（T）/角度（A）/水平（H）/垂直（V）/旋转（R）］：（拉出标注尺寸线，自定义合适的尺寸线位置）

标注文字＝2740

重复线性标注（dimlinear）命令，完成所有的尺寸标注，如图 4-2-4-1 所示。

图 4-2-4-1　尺寸标注完成图

4.2.5 文字标注

（1）设置文字样式

新建"文字标注1"图层，并将其设置为当前图层，将线宽设置为 0.35 毫米，绘制引线的基线部分。具体步骤参照前面有关"图层"的章节。

（2）绘制文字标注引线

单击"绘图"工具栏上直线┙按钮，

命令：_line

命令行提示：指定第一点：（在屏幕上任意一处单击）

命令行提示：指定下一点或［放弃（U）］：@0，－200

单击"修改"工具栏上复制 🎇 复制 按钮，

命令：_copy

命令行提示：选择对象：（选择新绘制的直线）

命令行提示：指定基点或位移：（将直线移动到适当的位置）

重复 copy 命令，

单击"修改"工具栏上旋转 ○ 旋转 按钮，

命令：_rotate

命令行提示：指定基点：（在屏幕上单击任意一点）

命令行提示：指定旋转角度：90

重复 copy 命令。

（3）绘制指引线的另一部分

新建"文字标注2"图层，并将其设置为当前图层。在该图层绘制指引线的另一部分及文字，单击"状态栏"中"正交"按钮┗。

单击"绘图"工具栏上直线┙按钮，

命令：_line

命令行提示：指定第一点：（在屏幕上欲标注文字起点处单击）

命令行提示：指定下一点或［放弃（U）］：（根据适当的长度在屏幕适当处单击）

（4）进行文字标注

单击"注释"面板下拉菜单中的"文字样式"按钮，打开"文字样式"对话框，将"文字高度"设为 100，"文字样式"设为"仿宋"。

单击"文字"工具栏上"单行文字"按钮：

命令：_dtext

指定文字的起点：（在适当位置单击）

指定文字的旋转角度＜0＞：（回车）

输入文字：（按图 4-2-5-1 所示输入文字）

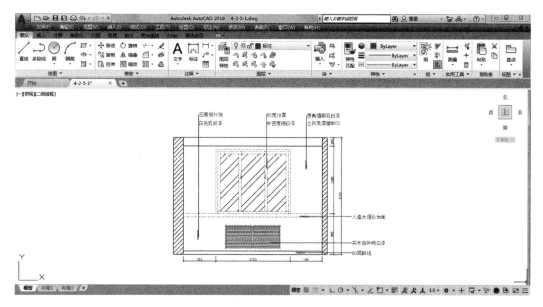

图 4-2-5-1　文字标注完成图

4.3　绘制儿童房立面图（如图 4-3-1）

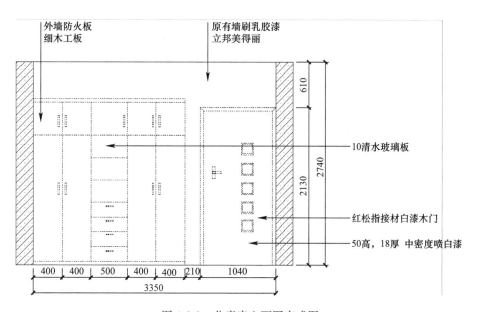

图 4-3-1　儿童房立面图完成图

4.3.1　绘制墙体

与上一节中绘制墙体部分类似，所以只简要进行描述。

（1）绘制墙体轮廓线

单击状态栏中的"正交"按钮，打开正交模式。然后在"绘图"工具栏内选择直线 工具，

命令行提示：命令：_line 指定第一点：（在绘图区的空白处单击鼠标指定第一点）

命令行提示：指定下一点或 ［放弃（U）］：@3830，0

命令行提示：指定下一点或 ［放弃（U）］：（单击鼠标右键，在弹出的快捷菜单中选择确认）

先绘制一条水平线作为墙的上端边线。

在"修改"工具栏内选择偏移▦工具，数值为 2740。偏移水平线作为墙的下端边线。

单击状态栏中的"捕捉模式"按钮，打开"对象捕捉"，然后在"绘图"工具栏内选择直线▱工具，

命令行提示：命令：_line 指定第一点：（选择第一条直线的左边端点）

命令行提示：指定下一点或 ］放弃（U）］：（选择第二条直线的左边端点）

命令行提示：指定下一点或 ［放弃（U）］：（单击鼠标右键，在弹出的快捷菜单中选择确认）

在"修改"工具栏内选择偏移▦工具，偏移数值分别为 240，3350，240。

这样就偏移出外墙体和内墙体的四条垂直线。

（2）绘制墙体填充线

墙体填充部分与上一例类似，如图 4-3-1-1 所示。

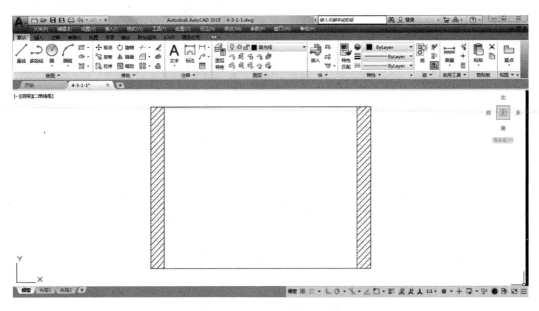

图 4-3-1-1　墙体填充完成图

4.3.2　绘制门

本节我们将介绍门的绘制方法和技巧。

（1）绘制门的轮廓线

在"修改"面板中单击偏移▦按钮，

命令：_offset

　　　　　当前设置：删除源＝否　图层＝源　OFFSETGAPTYPE＝0

指定偏移距离或［通过（T）/删除（E）/图层（L）］＜120.0000＞：200

命令行提示：选择要偏移的对象，或［退出（E）/放弃（U）］＜退出＞：（选择上端水平线段）

命令行提示：指定要偏移的那一侧上的点，或［退出（E）/多个（M）/放弃（U）］＜退出＞：（在墙体上端水平线的下方单击）

命令行提示：选择要偏移的对象，或［退出（E）/放弃（U）］＜退出＞：（单击鼠标右键，在弹出的快捷菜单中选择确认）

命令行提示：命令：_offset

　　　　　　当前设置：删除源＝否　　图层＝源　　OFFSETGAPTYPE＝0

　　　　　　指定偏移距离或［通过（T）/删除（E）/图层（L）］＜80.0000＞：50

命令行提示：选择要偏移的对象，或［退出（E）/放弃（U）］＜退出＞：（选择右侧第二条垂直线）

命令行提示：指定要偏移的那一侧上的点，或［退出（E）/多个（M）/放弃（U）］＜退出＞：（在该垂直线的左侧单击）

命令行提示：选择要偏移的对象，或［退出（E）/放弃（U）］＜退出＞：（单击鼠标右键，在弹出的快捷菜单中选择确认）

继续将新偏移的线向左侧偏移，将偏移值设置为 940，50；

继续重复 offset 命令，

命令行提示：命令：_offset

　　　　　　当前设置：删除源＝否　　图层＝源　　OFFSETGAPTYPE＝0

　　　　　　指定偏移距离或［通过（T）/删除（E）/图层（L）］＜50.0000＞：2080

命令行提示：选择要偏移的对象，或［退出（E）/放弃（U）］＜退出＞：（选择地面线）

命令行提示：指定要偏移的那一侧上的点，或［退出（E）/多个（M）/放弃（U）］＜退出＞：（在该水平线的上方单击）

命令行提示：选择要偏移的对象，或［退出（E）/放弃（U）］＜退出＞：（单击鼠标右键，在弹出的快捷菜单中选择确认）

继续将新偏移的线向上方偏移，将偏移值设置为 50；

在"修改"面板内单击修剪 ✂修剪 · 按钮和倒角 ⌐倒角 · 按钮，对图形进行修改，具体步骤与上一例类似。

（2）绘制门上的装饰线条

单击"绘图"面板中矩形 ▱· 按钮，

命令行提示：命令：_rectang

　　　　　　指定第一个角点或［倒角（C）/标高（E）/圆角（F）/厚度（T）/宽度（W）］：（在屏幕上单击任意一点）

命令行提示：指定另一个角点或［面积（A）/尺寸（D）/旋转（R）］：@160，160

在"修改"面板中单击复制 ✦复制 按钮，复制一个矩形，然后在"修改"面板中单击缩放 ▱缩放 按钮，

命令：_scale

命令行提示：选择对象：（选择新绘制的矩形）

命令行提示：指定基点：（在矩形任意角点上单击）

命令行提示：指定比例因子：0.8

将缩放后的矩形移动到适当的位置，继续复制，绘制结果如图 4-3-2-1 所示。

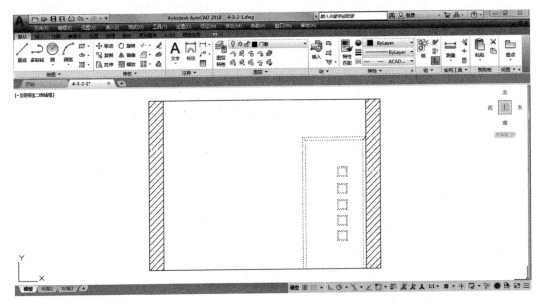

图 4-3-2-1　门轮廓线及装饰线绘制完成图

（3）绘制门把手

单击"绘图"面板中矩形 ▣ 按钮，

命令行提示：命令：_rectang

指定第一个角点或［倒角(C)/标高(E)/圆角(F)/厚度(T)/宽度(W)］：

（在屏幕上单击任意一点）

命令行提示：指定另一个角点或［面积(A)/尺寸(D)/旋转(R)］：@40，160

在"绘图"面板中单击直线 ╱ 按钮，单击开启"状态栏"中"捕捉模式" ▦ 按钮，绘制该矩形的对角线，作为辅助线。

在"绘图"面板中单击圆 ⚲ 按钮，

命令：_circle

命令行提示：命令：_circle 指定圆的圆心或［三点(3P)/两点(2P)/切点、切点、半径(T)］：（在对角线交点上单击）

命令行提示：指定圆的半径或［直径 (D)］：20

在"绘图"面板中单击"多段线" ⌐ 按钮，

命令：_pline

命令行提示：指定起点：（在屏幕上任意一点单击）

当前线宽为 0.0000

命令行提示：指定下一个点或［圆弧(A)/半宽(H)/长度(L)/放弃(U)/宽度(W)］：@100，0

命令行提示：指定下一点或［圆弧(A)/闭合(C)/半宽(H)/长度(L)/放弃(U)/宽度

（W）］：a

命令行提示：指定圆弧的端点或［角度（A）/圆心（CE）/闭合（CL）/方向（D）/半宽（H）/直线（L）/半径（R）/第二个点（S）/放弃（U）/宽度（W）］：r

命令行提示：指定圆弧的半径：15

命令行提示：指定圆弧的端点或［角度（A）］：a

命令行提示：指定包含角：180

命令行提示：指定圆弧的弦方向<0>：90

命令行提示：指定圆弧的端点或［角度（A）/圆心（CE）/闭合（CL）/方向（D）/半宽（H）/直线（L）/半径（R）/第二个点（S）/放弃（U）/宽度（W）］：l

命令行提示：指定下一点或［圆弧（A）/闭合（C）/半宽（H）/长度（L）/放弃（U）/宽度（W）］：@−100，0

命令行提示：指定下一点或［圆弧（A）/闭合（C）/半宽（H）/长度（L）/放弃（U）/宽度（W）］：a

命令行提示：指定圆弧的端点或［角度（A）/圆心（CE）/闭合（CL）/方向（D）/半宽（H）/直线（L）/半径（R）/第二个点（S）/放弃（U）/宽度（W）］：r

命令行提示：指定圆弧的半径：15

命令行提示：指定圆弧的端点或［角度（A）］：a

命令行提示：指定包含角：180

命令行提示：指定圆弧的弦方向<180>：<对象捕捉开>（−90）

命令行提示：指定圆弧的端点或［角度（A）/圆心（CE）/闭合（CL）/方向（D）/半宽（H）/直线（L）/半径（R）/第二个点（S）/放弃（U）/宽度（W）］：CL

将新绘制的多段线移动到适当的位置，绘制结果如图 4-3-2-2 所示。

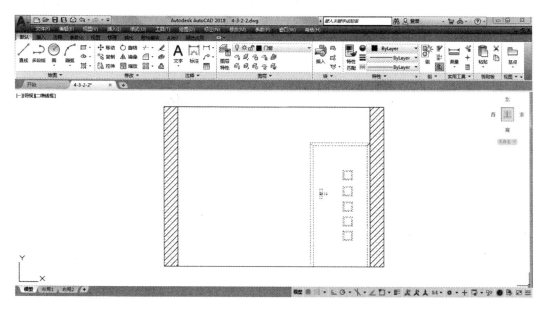

图 4-3-2-2　门把手绘制完成图

4.3.3　绘制柜子

本节主要讲述室内家具的绘制方法和技巧。在这里，我们主要是利用"矩形"和"直线"绘图工具绘制图形，然后再利用"偏移"工具、"镜像"工具、"修剪"工具和"倒角"工具对线段进行修改。

（1）绘制柜子轮廓线

在"修改"面板中单击偏移 按钮，

命令行提示：命令：_offset

　　　　　　　当前设置：删除源＝否　图层＝源　OFFSETGAPTYPE＝0

　　　　　　　指定偏移距离或［通过（T）/删除（E）/图层（L）］＜80.0000＞：400

命令行提示：选择要偏移的对象，或［退出（E）/放弃（U）］＜退出＞：

　　　　　　　（选择左侧第二条垂直线）

命令行提示：指定要偏移的那一侧上的点，或［退出（E）/多个（M）/放弃（U）］＜退出＞：

　　　　　　　（在该垂直线的右侧单击）

命令行提示：选择要偏移的对象，或［退出（E）/放弃（U）］＜退出＞：

　　　　　　　（单击鼠标右键，在弹出的快捷菜单中选择确认）

继续将新偏移的线向右侧偏移，将偏移值设置为 400，500，400，400。

继续重复 offset 命令，

命令行提示：命令：_offset

　　　　　　　当前设置：删除源＝否　图层＝源　OFFSETGAPTYPE＝0

　　　　　　　指定偏移距离或［通过（T）/删除（E）/图层（L）］＜400.0000＞：50

命令行提示：选择要偏移的对象，或［退出（E）/放弃（U）］＜退出＞：（选择地面线）

命令行提示：指定要偏移的那一侧上的点，或［退出（E）/多个（M）/放弃（U）］＜退出＞：

　　　　　　　（在该水平线的上方单击）

命令行提示：选择要偏移的对象，或［退出（E）/放弃（U）］＜退出＞：

　　　　　　　（单击鼠标右键，在弹出的快捷菜单中选择确认）

继续将新偏移的线向上方偏移，将偏移值设置为 200，200，200，200，300，300，300，450，50。

在"修改"工具栏内单击修剪 修剪 ·按钮和倒角 倒角 · 按钮，对图形进行修改，具体步骤与上一例类似。

（2）绘制柜子门拉手和抽屉拉手

在"绘图"面板中单击矩形 按钮，

命令行提示：命令：_rectang

　　　　　　　指定第一个角点或［倒角（C）/标高（E）/圆角（F）/厚度（T）/宽度（W）］：

　　　　　　　（在屏幕上单击任意一点）

命令行提示：指定另一个角点或［面积（A）/尺寸（D）/旋转（R）］：@20，150

继续在"绘图"面板单击矩形 按钮，

命令行提示：命令：_rectang

　　　　　　　指定第一个角点或［倒角（C）/标高（E）/圆角（F）/厚度（T）/宽度（W）］：

（在屏幕上单击任意一点）

命令行提示：指定另一个角点或［面积（A）/尺寸（D）/旋转（R）］：@100，10

将这两个矩形复制，并移动到适当的位置，绘制结果如图 4-3-3-1 所示。

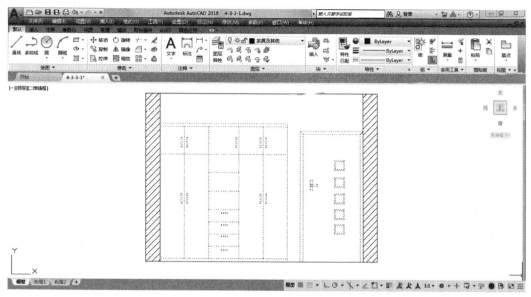

图 4-3-3-1　柜子绘制完成图

4.3.4　尺寸标注

步骤与上一例中类似，故不再重复。

4.3.5　文字标注

步骤与上一例中类似，绘制结果如图 4-3-5-1 所示。

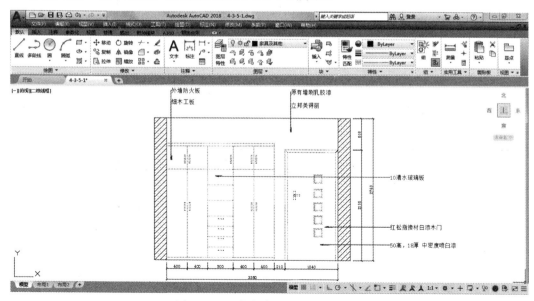

图 4-3-5-1　儿童房立面图绘制完成图

第5章 家具制图的制图规范及标准

在第二章中，我们已经向大家简要介绍了室内设计制图的规范及标准，其中有一部分与这一章将要介绍的家具制图规范及标准是相同的，这里就不再重复，我们只介绍那些不同于其他行业的，家具行业的专用制图规范及标准。

5.1 制图标准简介

5.1.1 标题栏

家具制图标准依据国家标准规定精神，结合本行业生产实际推荐两种标题栏格式，图 5-1-1-1 是其中一种。

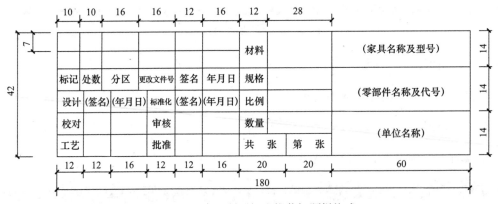

图 5-1-1-1　家具制图标准推荐标题栏格式

5.1.2 比例

家具制图中标准的比例系数见表 5-1-2-1。

标准规定比例系列　　　　　　　　　　　　　　表 5-1-2-1

种　类	常用比例	可选比例
原值比例	1：1	—
放大比例	2：1，4：1，5：1	1.5：1，2.5：1
缩小比例	1：2，1：5，1：10	1：3，1：4，1：6，1：8，1：15，1：20

5.1.3 图线

图线在家具设计制图中的宽度与应用见表 5-1-3-1，计算机绘图时，可根据需要设置不同颜色。

图线及其应用 表 5-1-3-1

图线名称	图线宽度	一般应用	颜色
实线	$b(0.3\sim1\text{mm})$	① 基本视图中可见轮廓线； ② 局部详图索引标志	蓝色
粗实线	$1.5b\sim2b$	① 剖切符号； ② 局部详图可见轮廓线； ③ 局部详图标志； ④ 图框线及标题栏外框线	白色
细实线	$b/3$	① 尺寸线及尺寸界限； ② 引出线； ③ 剖面线； ④ 各种人造板、成型空芯板的内轮廓线； ⑤ 小圆中心线，简化画法表示连接位置线； ⑥ 圆滑过渡交线； ⑦ 重合剖面轮廓线； ⑧ 表格分格线； ⑨ 局部详图中，榫头端部断面表示用线； ⑩ 局部结构详图中，连接件轮廓线	绿色
波浪线	$b/3$ 或更细	① 假想断开线； ② 回转体断开线； ③ 局部剖视的分界线	绿色
双折线	$b/3$ 或更细	① 假想断开线； ② 阶梯剖视分界线	绿色
虚线	$b/3$ 或更细	不可见轮廓线，包括玻璃等透明材料后面的轮廓线	黄色
点画线	$b/3$ 或更细	① 对称中心线； ② 回转体轴线； ③ 半剖视分界线； ④ 可动零部件的外轨迹线	红色
双点画线	$b/3$ 或更细	① 假想轮廓线； ② 表示可动部分在极限或中间位置时的轮廓线	粉红色

5.2　剖面符号

当家具或其零、部件画成剖视或剖面时，假想被剖切到的实体部分，一般应画出剖面符号，以表示已被剖切的部分和零、部件的材料类别。各种材料的剖面符号画法，家具制图标准作了详尽规定，要注意的是剖面符号用线（剖面线）均为细实线。

5.2.1　家具常用材料的剖面符号画法

图 5-2-1-1 列出了家具常用材料的剖面符号画法：

（1）方材横断面；

（2）板材横断面；

（3）木材纵断面；

（4）胶合板剖面符号；

（5）覆面刨花板；

（6）细木工板横断面；

（7）细木工板纵断面；

（8）纤维板；

（9）薄木；

（10）金属；

（11）塑料、有机玻璃等；

（12）软质填充材料；

（13）砖石料。

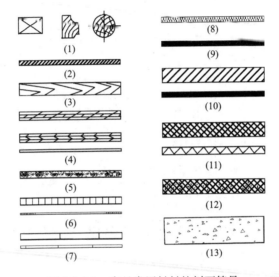

图 5-2-1-1　家具常用材料的剖面符号

5.2.2　未被剖切也画上的符号

家具中有些材料如玻璃、镜子和网纱等一般未被剖切也画上符号，如图 5-2-2-1 所示。

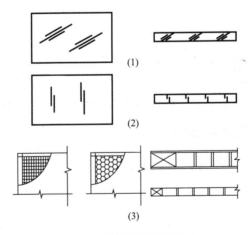

图 5-2-2-1　图例及剖面符号（一）

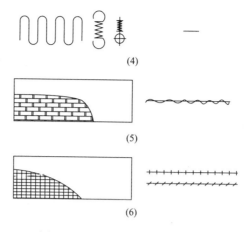

图 5-2-2-1　图例及剖面符号（二）

（1）玻璃；

（2）镜子；

（3）空芯板；

（4）弹簧；

（5）竹、藤编；

（6）网纱。

图 5-2-2-1 是在基本视图上的画法。

5.2.3　多层结构材料的画法

在用剖面符号不能完全表达清楚材料具体名称时，往往要附以文字说明，如图 5-2-3-1
所示。

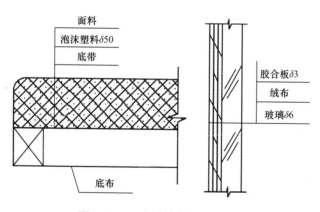

图 5-2-3-1　多层结构材料的画法

5.3　局部详图

将家具或其零、部件的部分结构，用大于基本视图或原图形的画图比例画出的图形称
为局部详图。

局部详图可以画成剖视、视图、剖面各种形式，以画成剖视最多。局部详图必须加以标注。

（1）在视图中被放大部位的附近，应画出直径 8mm 的实线圆圈作为局部详图索引标志，圈中写上数字。

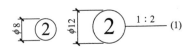

图 5-3-1　局部详图标注符号

（2）同时在相应的局部详图附近则画上直径 12mm 的粗实线圆圈，圈中写上同样的数字作为局部详图的标志。粗实线圈的右边中间画一水平细实线，上写详图所用比例，如图 5-3-1 所示。

5.4　榫结合的简化画法

5.4.1　榫接合的画法规定

榫接合是家具结构中应用极为广泛的不可拆连接。对于它的画法家具制图标准有特殊的规定，如图 5-4-1-1 所示。

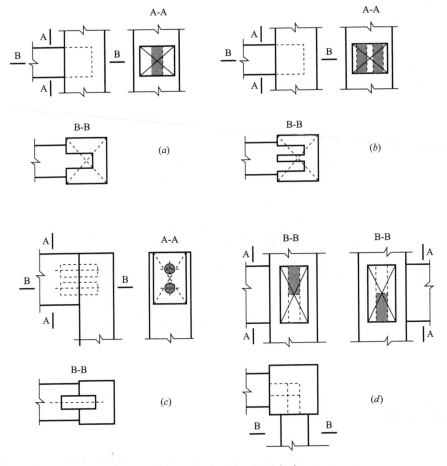

图 5-4-1-1　榫接合的画法规定

5.4.2　家具常用连接件连接的规定画法

家具上一些常用连接件如木螺钉等,家具制图标准都规定了特有的画法。在局部详图中,它们的画法如图 5-4-2-1 所示。右侧是不同方向的另一视图。

(1) 螺栓连接;

(2) 圆钢钉连接;

(3) 木螺钉连接。

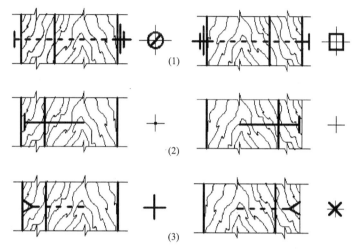

图 5-4-2-1　常用连接件连接画法

在表示榫头横断面的图形上,无论剖视或视图,榫头断面应涂成淡墨色,以显示榫头端面的形状、类型和大小,如图 5-4-1-1 所示。同一榫头有长有短时,只涂长的端部,如图 (d) 所示。

榫头端面除了涂色表示外,亦可用一组不少于 3 条的细实线表示,榫端面细实线应画成平行于长边的长线,如图 5-4-2-2 所示。

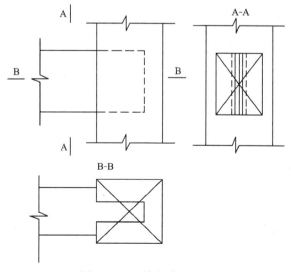

图 5-4-2-2　榫头端面画法

无论用涂色或画细实线表示榫头端面，木材剖面符号应尽可能用相交细实线，不用纹理表示，以保持图形清晰。

5.4.3 家具专用连接件连接的规定画法

家具专用连接件近年来发展迅速，随着板式家具可拆连接和自装配式家具兴起，家具专用的连接件越来越多。图 5-4-3-1 是几种家具专用连接件连接的在局部详图上的规定画法。

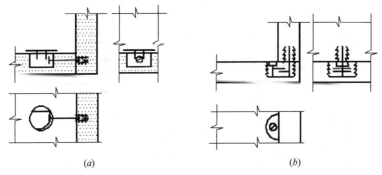

（a）　　　　　　　　　　　（b）

图 5-4-3-1　几种家具专用连接件连接的画法

（1）螺栓偏心连接件连接；

（2）凸轮柱连接件连接；

（3）杯状暗铰链。画法如表 5-4-3-1 所示。

螺栓偏心连接件、凸轮柱连接件在结构图或者比例较大的图形中可按简化画法画出，必要时注明代号和规格，如图 5-4-3-1（a）为螺栓偏心连接件连接，图 5-4-3-1（b）为凸轮柱连接件连接。

杯状暗铰链的规定画法　　　　　　　　　表 5-4-3-1

类型	局部结构详图画法	基本视图画法
类型 A		
类型 B		

第6章　板式家具设计图的绘制

6.1　板式家具设计图简述

人造板作为一种标准工业板材给家具这一传统行业带来了革命性的变化，因为这种材料有利于保护生态环境，而且克服了天然木材的某些缺点，从而为家具的工业化生产打开了方便之门。板式家具主要以人造板为基材，制造板式部件的材料可分为实心板和空心板两大类。

板式家具设计图一般包括：三视图、结构装配图、各主要零部件图，有时会需要拆装示意图和效果图。三视图主要用于表现整件家具的外观，一般包括主视图、俯视图和左视图；结构装配图要求在三视图的基础上表现家具内部的结构，需要画出剖视图，对于重要节点甚至需要按1∶1的比例画出详图，对于曲线或者造型复杂的部位需要放大出大样图；零部件图要求标明每个零部件的具体尺寸以及结构尺寸；拆装示意图需要以轴测图的形式画出各个零部件之间装配的关系；效果图主要表现家具外观的整体效果，有时还需要表现一套家具的各种搭配、摆放的效果。

本章将以一件板式柜子作为实例讲解一套图纸的绘制过程，按照三视图、结构装配图、零件图的顺序讲解（拆装示意图和效果图在这里不作重点讲述）。首先看到画好的图纸，然后针对每张图纸进行讲解需要注意的事项和具体操作的流程。

6.2　板式家具三视图的绘制

一般的操作过程是先进行画图前的各项设置，然后画好主视图的图形，再根据主视图按照画法几何的法则画出左视图和俯视图。

设置绘图环境如前所述，这里不再重复。其完成图如图6-2-1所示。

6.2.1　绘制主视图

（1）左旁板的绘制

左旁板的规格为长为2110mm，板厚20mm。

使用矩形工具 ▱·，或者在命令行或绘图区中键入"rec"，

命令行提示："指定第一个角点或［倒角（C）/标高（E）/圆角（F）/厚度（T）/宽度（W）］："，此时通过鼠标在图纸上捕捉任意点，或键盘输入任意点作为左下角点；

命令行提示："指定另一个角点或［面积（A）/尺寸（D）/旋转（R）］："，使用相对坐标，输入右上角点为（@20，2110），画出左旁板。

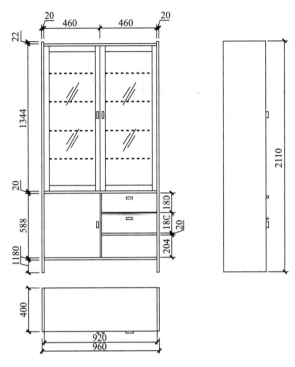

图 6-2-1　板式家具三视图完成图

（2）右旁板的绘制

使用复制对象工具 复制，或者在命令行或绘图区中键入"co"，

命令行提示："选择对象："，选中刚画好的左旁板，并按回车或空格键；

命令行提示："选择对象："，"指定基点或［位移（D）/模式（O）］＜位移＞:"，指定右下角点为基点，水平向右拖动鼠标（如果"正交"没有打开，可以使用快捷键 F8 打开"正交"），输入移动距离 940 后回车，复制出右旁板。

（3）顶板、搁板、隔板和底板的绘制

使用矩形工具 ，或者在命令行或绘图区中键入"rec"，

命令行提示："指定第一个角点或［倒角（C）/标高（E）/圆角（F）/厚度（T）/宽度（W）］:"，此时打开对象捕捉，通过鼠标在图纸上捕捉左旁板的右上角点为顶板的左上角点；

命令行提示："指定另一个角点或［面积（A）/尺寸（D）/旋转（R）］:"，使用相对坐标，输入右上角点为（@920，20），画出顶板；

单击工具栏上移动工具 移动，将顶板移动到距离旁板顶的距离为 22mm 的位置。

命令行提示：选择对象：（选择顶板）

命令行提示：指定基点或［位移（D）］＜位移＞:（指定顶板的左上角点为基点，单击左上角点）

命令行提示：指定第二个点或＜使用第一个点作为位移＞：@0，22

绘制结果如图 6-2-1-1 所示。

然后依次复制出隔板和底板，各个板的间距从上到下依次是 1324mm、364mm、204mm。利用"复制"命令时，输入距离时应该加上板厚。绘制结果如图 6-2-1-2 所示。

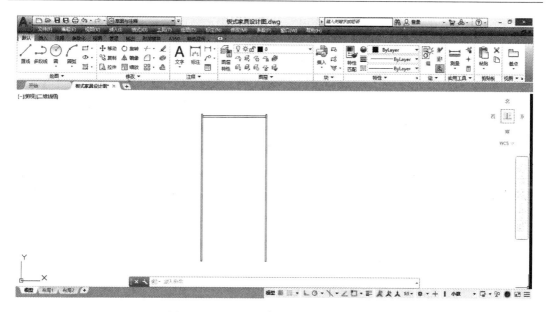

图 6-2-1-1　左、右旁板与顶板绘制完成图

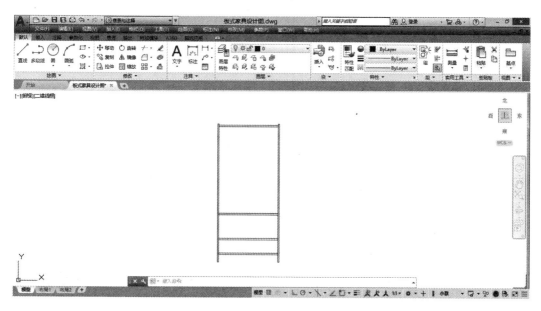

图 6-2-1-2　隔板与底板绘制完成图

（4）中间旁板的绘制

使用复制对象工具 复制，或者在命令行或绘图区中键入"co"，

命令行提示："选择对象："，选中刚画好的左旁板，并按回车或空格键；

命令行提示："选择对象："，"指定基点或 ［位移（D）/模式（O）］ ＜位移＞："，指定右下角点为基点，水平向右拖动鼠标（如果"正交"没有打开，可以使用快捷键 F8 打开"正交"），输入移动距离 470 后回车，复制出中间旁板；

再对多余和重合的部分进行修改，以上方多余部分为例，点击"修改"面板中的"修剪"按钮，

命令行提示：选择对象或＜全部选择＞（用鼠标点击选中顶板和中间旁板，确认）

命令行提示：选择对象或＜全部选择＞：找到 1 个

命令行提示：选择对象：找到 1 个，总计 2 个（回车或者点击鼠标右键）

命令行提示：选择对象：选择要修剪的对象，或按住 Shift 键选择要延伸的对象，或［栏选(F)/窗交(C)/投影(P)/边(E)/删除(R)/放弃(U)］：用鼠标点击外部不需要的部分。

这样就把不需要的部分剪切掉了，具体的过程如图 6-2-1-3、图 6-2-1-4 所示，再用同样的方法修剪其他部分，最终结果如图 6-2-1-5 所示。

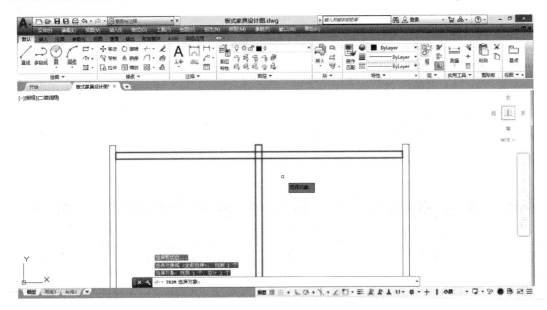

图 6-2-1-3 选择对象

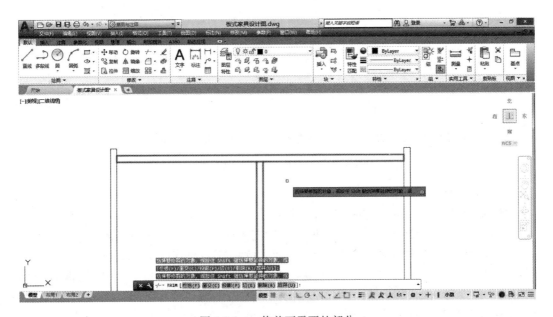

图 6-2-1-4 修剪不需要的部分

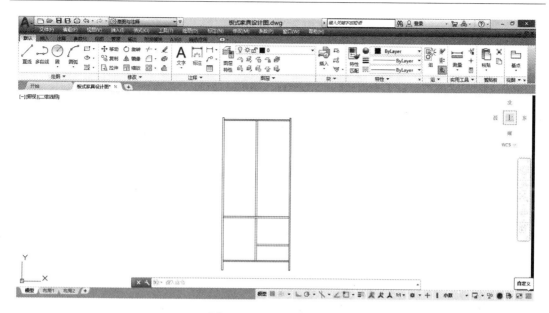

图 6-2-1-5　最终修剪结果

（5）抽屉的绘制

使用矩形工具 ▭·，或者在命令行或绘图区中键入"rec"，

命令行提示："指定第一个角点或［倒角（C）/标高（E）/圆角（F）/厚度（T）/宽度（W）］："，此时打开对象捕捉，通过鼠标在图纸上捕捉隔板的右下角点为抽屉面板的右上角点；

命令行提示："指定另一个角点或［面积（A）/尺寸（D）/旋转（R）］："，使用相对坐标，输入右下角点为（@－450，180），画出抽屉面板；

利用工具 复制 绘制另一个抽屉面板，

命令行提示：选择对象：（选择抽屉面板）

命令行提示：指定基点或［位移（D）/模式（O）］＜位移＞：（指定抽屉面板右下角点）

命令行提示：指定位移的第二个点或＜使用第一个点作为位移＞：（打开捕捉命令，捕捉下层搁板右上角点）

这样，两个抽屉面板即绘制完成。绘制结果如图 6-2-1-6 所示。

（6）门边框以及柜门的绘制

使用矩形工具 ▭·，或者在命令行或绘图区中键入"rec"，注意被门挡住的部分要删去。门边框的宽度为 50，具体步骤不再详细叙述，结果如图 6-2-1-7 所示。

（7）玻璃搁板和把手的绘制

利用矩形工具 ▭· 和复制工具 复制 绘制玻璃搁板，板厚为 5mm，各层搁板之间的净间距从上到下依次为 246mm、256mm、256mm、256mm、310mm。

根据制图规范，玻璃后面的物体用虚线表示，被实体挡住的线不画，所以选择线型为虚线，同时可以通过"对象特性管理器"调节线型比例以在绘图区域中正确显示出虚线的效果。

把手大小为 60×20，单位：mm；把手位置在相应板面的中央偏上。绘制结果如图 6-2-1-8 所示。

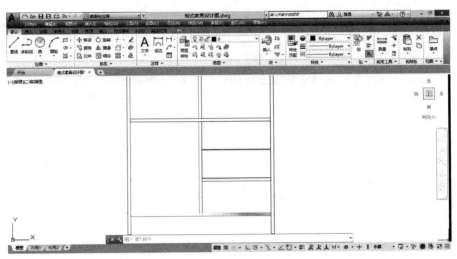

图 6-2-1-6　抽屉绘制完成图

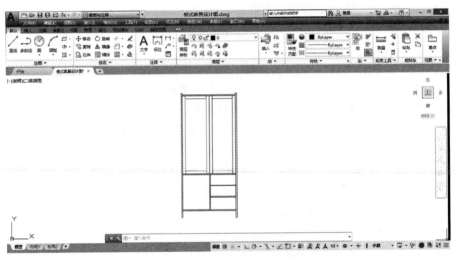

图 6-2-1-7　门边框以及柜门的绘制完成图

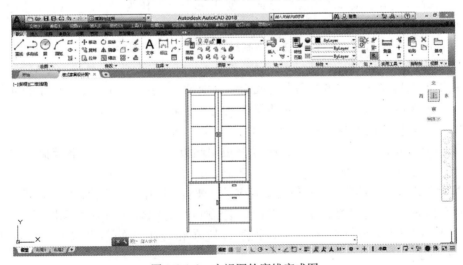

图 6-2-1-8　主视图轮廓线完成图

（8）绘制玻璃材质的剖面线

① 单击工具栏上／"直线"命令

命令行提示：命令：_line 指定第一点：（单击任意一点）

命令行提示：指定下一点或［放弃（U）］：＜正交开＞@0，－120（打开正交；输入数值）

② 单击工具栏上旋转命令 ○ 旋转

命令行提示：命令：_rotate

　　　　　　　UCS 当前的正角方向：ANGDIR＝逆时针　ANGBASE＝0

命令行提示：选择对象：找到一个（单击直线，并按空格或单击鼠标右键）

命令行提示：指定基点：＜对象捕捉开＞（打开对象捕捉；单击线上一点）

命令行提示：指定旋转角度或［复制（C）/参照（R）］＜0＞：－30

③ 单击工具栏上复制命令 ％ 复制

命令行提示：命令：_copy

　　　　　　　选择对象：（单击该直线）

命令行提示：指定基点或［位移（D）/模式（O）］＜位移＞：（单击线上任意一点）

命令行提示：指定位移的第二个点或＜使用第一个点作为位移＞：（单击适当一点）

④ 单击工具栏上缩放命令 ▦ 缩放

命令行提示：命令：_scale

　　　　　　　选择对象：找到一个（选择复制后的直线，并按空格或单击鼠标右键）

命令行提示：指定基点：（单基线上任意一点）

命令行提示：指定比例因子或［复制（C）/参照（R）］：2

⑤ 单击工具栏上命令镜像 ⚟ 镜像

命令行提示：命令：_mirror

　　　　　　　选择对象：（选择原直线，并按空格或单击鼠标右键）

命令行提示：指定镜像线的第一点：（单击复制后的线的一个端点）

　　　　　　　指定镜像线的第二点：（单击复制后的线的另一个端点）

命令行提示：要删除源对象吗？［是（Y）/否（N）］＜N＞：N

复制这一组线段，则玻璃剖面线绘制完成。

主视图绘制完成，如图 6-2-1-9 所示。

6.2.2　绘制左视图

根据"上下对正，左右对齐"的画法几何原则，画出左视图，画的时候开启"正交"状态将方便地得到最终结果，同时注意打开对象捕捉。

单击绘图工具栏上／，

命令：_line

命令行提示：指定第一点：（在与主视图最上面一点水平对齐处单击适当一点）

命令行提示：指定下一点或［放弃（U）］：（在与主视图最下面一点水平对齐处单击）

命令行提示：指定下一点或［放弃（U）］：@400，0

命令行提示：指定下一点或［闭合（C）/放弃（U）］：（在与主视图最上面一点水平对齐处单击）

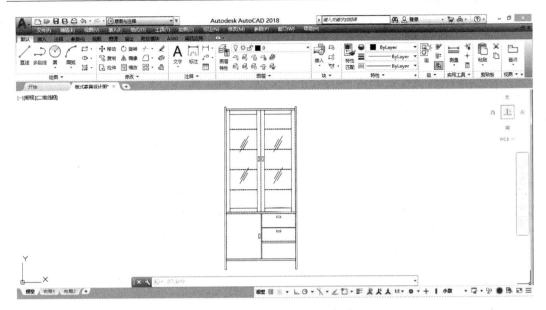

图 6-2-1-9　主视图绘制完成图

命令行提示：指定下一点或［闭合(C)/放弃(U)］：c

绘制如图 6-2-2-1、图 6-2-2-2、图 6-2-2-3 所示。

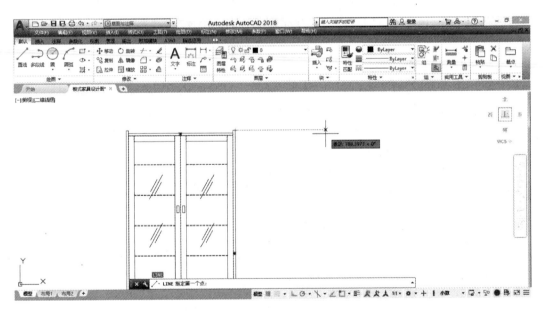

图 6-2-2-1　绘制左视图左上点

6.2.3　绘制俯视图

绘制方法与上例类似。绘制结果如图 6-2-3-1 所示。

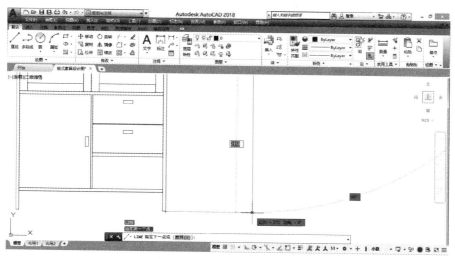

图 6-2-2-2　绘制左视图左下点

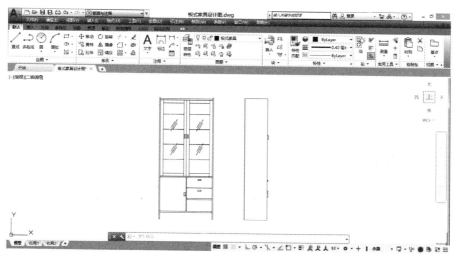

图 6-2-2-3　左视图绘制完成图

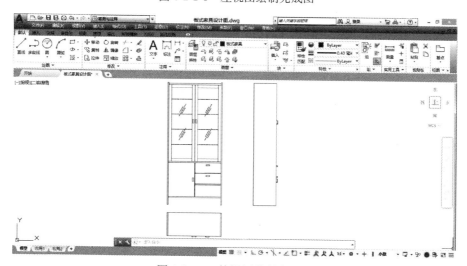

图 6-2-3-1　俯视图绘制完成图

6.2.4 尺寸标注

在三视图中一般需要注明家具的总体尺寸和功能尺寸。总体尺寸即家具的长、宽、高，表示家具所占空间的大小；功能尺寸表示家具满足使用功能的必须尺寸，如柜门大小、抽屉大小等。

用户可以点击菜单栏中的"标注"选项，首先要进行标注样式的设置，再进行标注。

用以上的方法依次标注尺寸，完成后如图 6-2-4-1 所示。

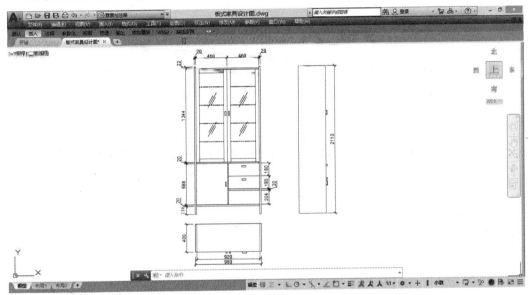

图 6-2-4-1　尺寸标注完成图

6.3　板式家具结构装配图的绘制

首先看一下画好的图纸，如图 6-3-1 所示。

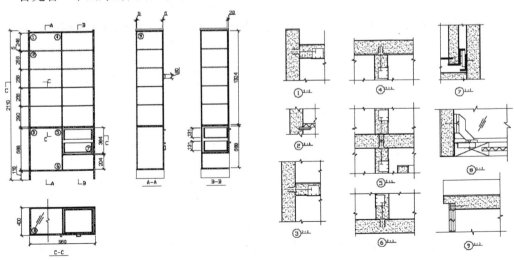

图 6-3-1　板式家具结构装配图绘制完成图

6.3.1　板式家具结构装配图简述

在三视图的基础上，结构装配图需要清楚地表达家具及部件的结构特点和装配关系以及零部件的基本形状，因此一般要绘制各种剖视图。在总体尺寸和功能尺寸的基础上还需要标明装配尺寸（如柜门和门框尺寸、螺钉规格、连接件位置）和零件尺寸。在重要的节点上需要绘制 1∶2 甚至 1∶1 的详图，装饰复杂和曲线多的零、部件需要绘制大样图。

可以在三视图的基础上直接进行结构装配图的绘制，缺少的线型、图层可以直接添加。

首先是绘制三个视图的剖视图。针对本件家具，为了清楚地表达内部结构，主视图全剖，左视图全剖，俯视图阶梯剖。到底该如何选择剖视，需要一定的经验，并要求设计师尽量有一个比较系统的思维方法。被剖切线剖开的地方需要使用填充以表现使用的材料。用户需要注意的是填充时设置好显示比例，如果填充的图案过密或者过于稀疏就看不到填充效果。

6.3.2　绘制主视剖视图

（1）删去三视图的主视图中不需要的部分，若为对称结构则要在中心位置绘制中心线

绘制玻璃搁板，因为剖开后可见，所以绘制一层"外轮廓线"，结果如图 6-3-2-1 所示。

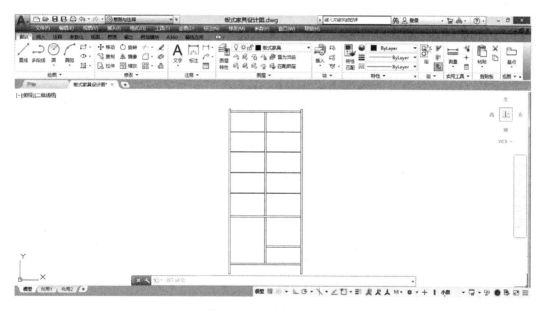

图 6-3-2-1　全剖面的视图

（2）绘制抽屉全剖图

根据具体尺寸采用矩形命令绘制抽屉背板、侧板和底板，绘制结果如图 6-3-2-2 所示。

（3）绘制剖切图的剖面线

其中板件为中密度纤维板，注意其剖面符号与玻璃的剖面符号是不同的，应该分别绘制。

（4）尺寸标注

与上例类似，不再重复，绘制结果如图 6-3-2-3 所示。

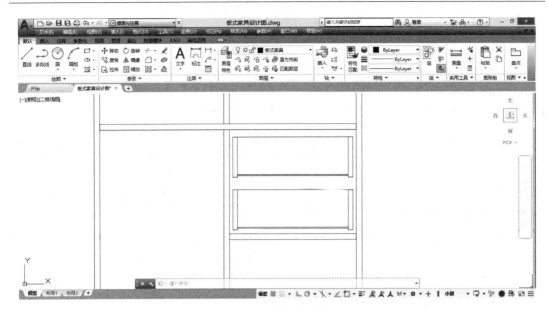

图 6-3-2-2　抽屉全剖视图

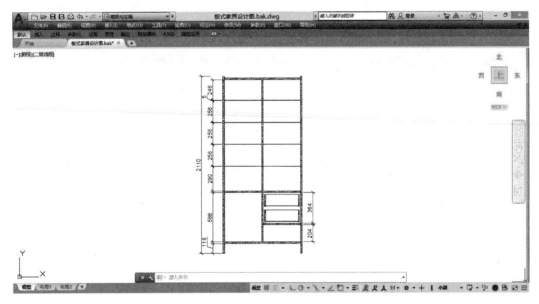

图 6-3-2-3　全剖主视图绘制完成图

6.3.3　绘制左视图

根据三视图的左视图绘制剖视图的左视图，因为柜子左右空间不同，需要做出两个全剖图。

（1）绘制顶板、底板、中隔板和玻璃搁板

打开对象捕捉，从主视图引直线，再采用修剪命令 ✂ 。

（2）绘制玻璃门板、背板及两个抽屉面板

利用矩形命令 ▭ 进行绘制，再利用修剪 ✂ 和删除 ✎ 命令将隔板和搁板的多余部分修剪掉，绘制结果如图 6-3-3-1 所示。

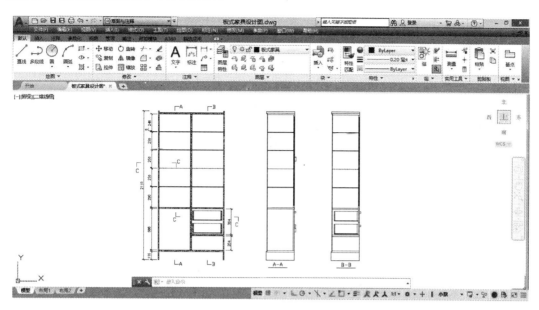

图 6-3-3-1　全剖左视图

（3）绘制其余细节

包括抽屉、剖面线，以及标注尺寸，方法与上例类似，绘制结果如图 6-3-3-2 所示。

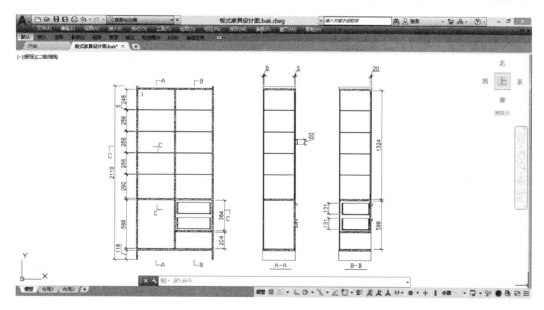

图 6-3-3-2　全剖左视图绘制完成图

6.3.4　绘制俯视图

（1）绘制背板

在原来三视图的俯视图上绘制中心线，因为俯视图是在中心位置阶梯剖，在主视图上绘制剖切符号，相应地在俯视图上方也绘制剖切符号，结果如图 6-3-4-1 所示。

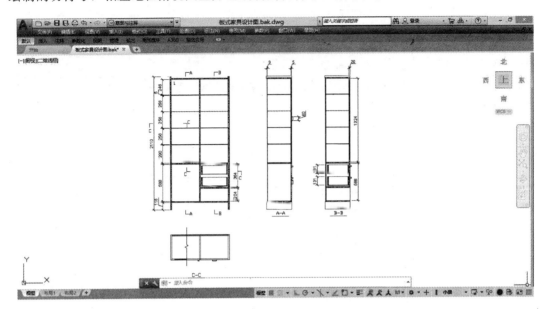

图 6-3-4-1　阶梯剖的俯视图

背板的厚度为 9，嵌入两旁板内部，嵌入深度为 9，所以背板宽×厚为 930×9。它与顶板的后边沿距离为 8，我们可以由此定位。

（2）绘制玻璃门板及抽屉

其结构为木框内嵌入玻璃，木框的规格为 50×20。抽屉为双层面板，玻璃搁板按设计尺寸进行绘制，这样轮廓线即绘制完成，剖面线的绘制方法与主视图类似，绘制结果如图 6-3-4-2 所示。

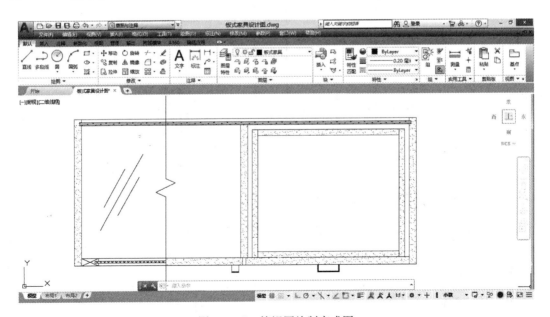

图 6-3-4-2　俯视图绘制完成图

（3）标注尺寸

方法与上述类似。这样结构装配图的基本视图即绘制完成，结果如图 6-3-4-3 所示。

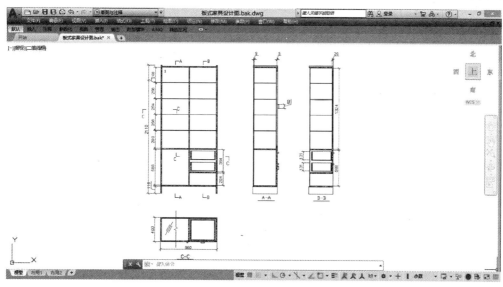

图 6-3-4-3　结构装配图基本视图绘制完成图

6.3.5　绘制局部详图

（1）在基本视图上绘制索引符号

需要绘制局部详图的部位以将节点的结构表达清楚且不重复为原则。

根据国家标准，基本视图上索引符号的圆圈直径为 8，局部详图上为 12，这里的尺寸是最后的图纸上的尺寸。而在屏幕上实际绘制的尺寸是这一尺寸与出图比例的乘积。在这一例中出图比例是 1：15。所以绘制时，基本视图上索引符号的圆圈直径按 120 绘制，局部详图上的索引符号的圆圈直径按 180 绘制，绘制结果如图 6-3-5-1 所示。

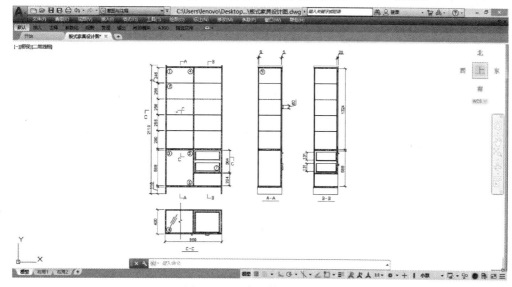

图 6-3-5-1　索引符号的绘制图

（2）绘制局部详图

注意外轮廓线用粗实线，省略部分用折断线断开，另外将需要的金属连接件绘制完成后，做成块，需要时插入。

另外绘制局部详图时，可以按照实际尺寸进行绘制，绘制完成后整体将局部详图放大15 倍，因为基本视图按 1∶15 出图，而局部详图按 1∶1 出图，之间的比例是 15 倍，绘制结果如图 6-3-5-2 所示。

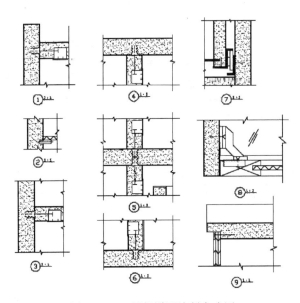

图 6-3-5-2　局部详图绘制完成图

总的绘制结果如图 6-3-5-3 所示。

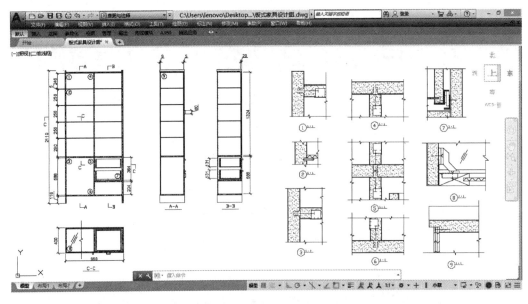

图 6-3-5-3　结构装配图绘制完成图

6.4　板式家具零件图的绘制

这里简单介绍一下板式家具设计中所涉及的 32mm 原则。32mm 是指，在旁板等涉及家具结构的重要板面上所有结构孔和系统孔之间的间距必须是 32mm 的整数倍。这样在板面钻孔时，可以通过多排钻按照 32mm 的模数定好位后完成板面批量生产的同时，以保证加工的精度。由于板式家具完全是由人造板与金属连接件组成，所以通过 32mm 控制的家具部件和金属连接件都具有通用性。

一般板式家具零部件的图形比较简单，困难之处在于需要按照 32mm 系列打孔，并完善地表达出来，清楚地标注尺寸以指导生产，这就要求制图员熟悉生产工艺和 32mm 系列的含义。这里只简单介绍左旁板的绘制方法。

6.4.1　绘制雏形图

首先按照旁板的规格，利用矩形工具 ▭ ﹘ 绘制旁板外轮廓线。然后利用分解 ✂ 工具将矩形炸开，在需要打孔的地方利用偏移 ⬚ 工具定位，绘制结果如图 6-4-1-1 所示。

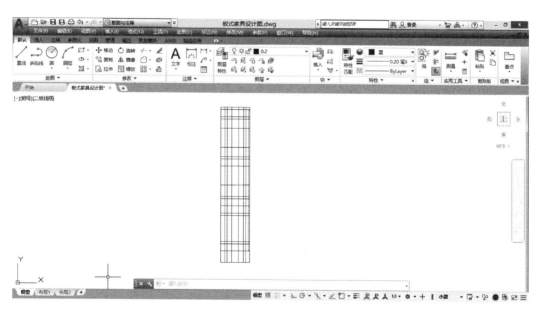

图 6-4-1-1　旁板雏形图

6.4.2　绘制完成图

相同规格的孔用一种表示符表示，可以将这些表示符先做成块，然后用捕捉命令移动或复制到指定位置，尺寸标注与上例相同，文字标注方法如图 6-4-2-1 所示。

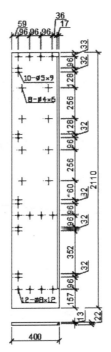

图 6-4-2-1　旁板零件图完成图

6.5　图纸的布局输出打印

此处以该板式家具的三视图为例，输出文件为 PDF，图纸大小为 A3，采用横向输出，比例为 1∶15，样式为黑白。

首先创建一个新的布局，打开"页面设置管理器"，点击修改（具体步骤详见第九章图纸输出），参数如下（如图 6-5-1）：

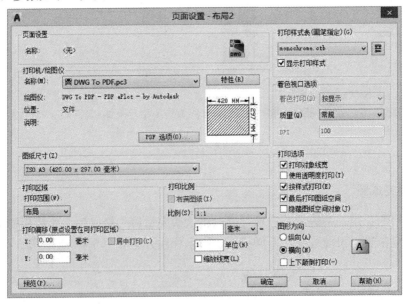

图 6-5-1　"页面设置"参数设置

点击"页面设置"对话框中的"特性"按钮，在"设备和文档设置"中点击"修改标准图纸尺寸（可打印区域）"，然后选中下方的"ISO A3（420.00×297.00 毫米）"，如图 6-5-2 所示；然后点击后方的修改按钮，将可打印区域的上下左右边距设置为"0"，如图 6-5-3 所示；点击"下一步"完成即可。

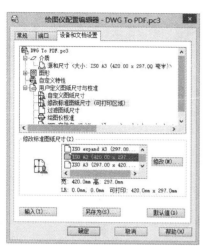

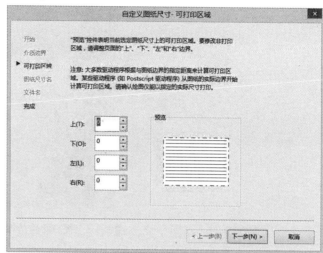

图 6-5-2 修改标准图纸尺寸（可打印区域）　　　　图 6-5-3 可打印区域边界设置

在空白布局中插入绘制好的图框，插入点设置为（0，0，0），如图 6-5-4 所示。

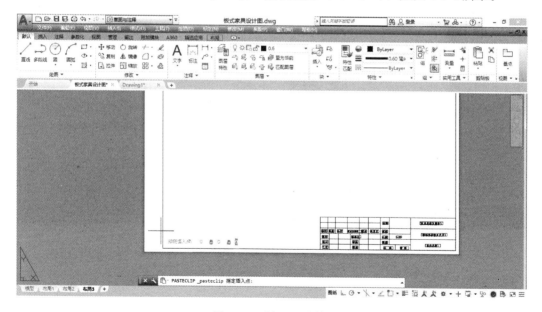

图 6-5-4 插入 A3 图框

创建视口，点击"布局"选项卡下的"布局视口"中的 ▦ 按钮进行矩形视口的绘制；选中视口，点击"Ctrl＋1"，打开视口的特性管理器，为防止视口界限在打印图纸中显现，将视口的颜色设置为（255，255，255），下方的"自定义比例"设置为 1∶15，如图 6-5-5 所示；调节好可视区域，最终完成结果如图 6-5-6 所示，之后便可进行打印（具体详见第九章中的打印小节）。

图 6-5-5　视口特性的设置

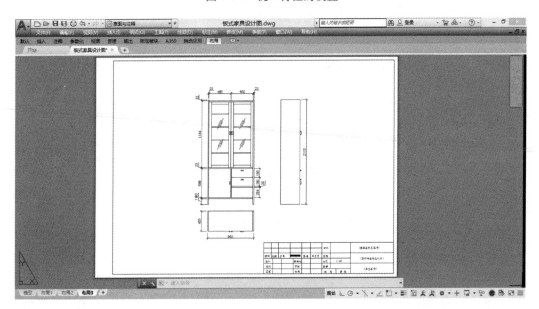

图 6-5-6　最终布局展示

第7章　软体家具设计图的绘制

7.1　软体家具简述

　　软体家具是指主要部件由软垫材料组成的家具。由于其柔软和具有弹性，所以是更适用于坐卧的家具，如软椅、软凳、沙发和床垫等。合理的软家具结构能使使用者减轻工作中的疲劳，得到充分的休息，又因软体家具采用了各种覆面材料和软垫材料，所以给人以舒适、柔软和华丽、美观的感觉。

　　软体家具多数是用木材、塑料或钢等材料组成支架，外面包覆软性材料，此外也有不用支架的全软结构和充气结构的软家具。软椅、软凳的支架和硬椅、凳支架结构基本相同，而其软垫结构有些部分又和沙发相似，故本章着重介绍一例沙发的外形图及结构装配图的绘制方法。

　　沙发的设计需要绘制外形图（包括三视图，有时还包括透视效果图）、结构装配图，对复杂或特制的零部件还需绘制零部件图。

7.2　沙发外形图的绘制

　　沙发外形图的绘制包括外形三视图的绘制和主要尺寸的标注，下面将介绍整套沙发图中外形三视图中正视图的具体画法（如图 7-2-1）。

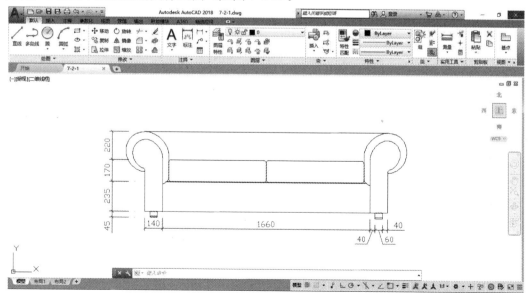

图 7-2-1　沙发外形图——正视图

7.2.1 建立新图层

在作图之前先点击"默认"选项卡"图层"面板里的"图层特性"按钮 。桌面会弹出"图层特性管理器"对话框（如图 7-2-1-1），点击"新建图层"按钮 ，在下面的空白区会增加新的图层，先建立两个新图层，分别命名为"外形图"和"尺寸标注"，其中"尺寸标注"图层颜色设为红色。还可根据需要在此对话框中增加新的图层，改变线型等（具体操作可参考前章节）。

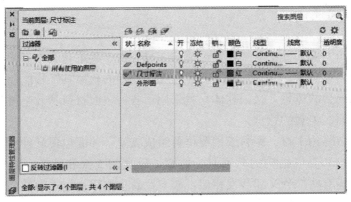

图 7-2-1-1　图层特性管理器

7.2.2 绘制沙发外形图

（1）绘制沙发底座

双击"外图形"，先将图层切换至刚才设好的"外形图"一层；

在命令行输入："L"，使用直线命令，或点击"默认"选项卡"绘图"面板里的"直线"按钮 ；

命令行提示："指定第一点"，可在绘图区域任意指定一点，同时按下 F8 或点击右下角状态栏中的正交按钮 ，保证"正交"呈开启状态；

命令行提示："指定下一点或［放弃（U）］："，输入 1660，按空格键结束命令；

再次按下空格键，结束整个直线绘制的命令（如图 7-2-2-1）。

（2）绘制第二条线

点击绘制好的直线，在命令行输入："O"，按下空格键，或点击"默认"选项卡"修改"面板里的偏移命令按钮 ；

命令行提示："指定偏移距离或［通过(T)/删除(E)/图层(L)］＜通过＞："，输入235，即要偏移的距离，按空格键；

命令行提示："指定要偏移的那一侧上的点，或［退出（E）多个（M）放弃（U）］＜退出＞："，指定直线上方的一点，便在上方 235 处出现另一条与原直线相同的直线，然后按空格键，结束偏移命令。

这时绘图区便出现两条长 1660 的直线。

（3）绘制沙发座垫

在命令行输入："REC"，或使用"常用"选项卡"绘图"面板里的"矩形"按钮 ，并打开右下角的"对象捕捉"按钮 ；

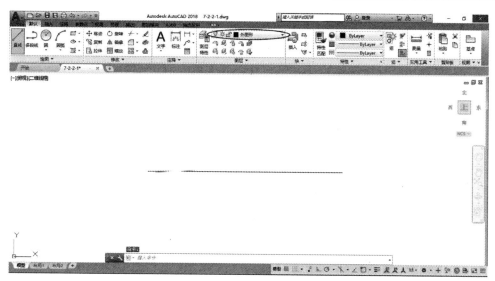

图 7-2-2-1　绘制沙发底座

命令行提示："指定第一个角点或 ［倒角（C）/标高（E）/圆角（F）/厚度（T）/宽度（W）］:"，点击上方直线的中点为第一个角点；

命令行提示："指定另一个角点或 ［面积（A）/尺寸（D）/旋转（R）］:"，输入："@780，170"后空格，即指定座垫的宽为780，高为170。

（4）为沙发座垫倒圆角

在命令行输入："F"，使用圆角命令，或点击"修改"面板里的"倒角"按钮 ◠ ；

命令行提示："选择第一个对象或 ［放弃（U）/多段线（P）/半径（R）/修剪（T）/多个（M）］:"，输入 R 按回车；

命令行提示："指定圆角半径<0.0000>:"，输入 20 按空格键，将新的半径设为20，空格；

用鼠标点击矩形的相邻两边，为矩形倒角，再次空格，选择另外两条边进行倒角（如图 7-2-2-2）。

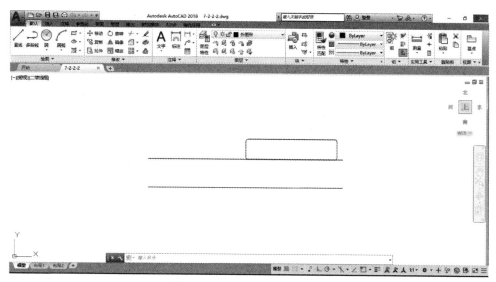

图 7-2-2-2　为沙发座垫倒圆角

小贴士：	
空格键可用作重复上次操作的命令。	

（5）绘制第二个沙发座垫

在命令行输入："MI"，按空格键，使用镜像命令，或在"修改"面板里点击 镜像；

命令行提示："选择对象:"，在绘图区选择刚才的沙发座垫，按空格结束选择；

命令行提示："指定镜像线的第一点:"选择直线的中点，接着命令行提示指定第二点，打开"正交"在垂直方向任意指定第二点；

命令行提示："要删除源对象吗？［是（Y）/否（N）］＜N＞:"，因为第一个沙发座垫仍需要保留，因此直接按空格键，执行默认命令，即保留源对象；

完成镜像命令，如图 7-2-2-3 所示。

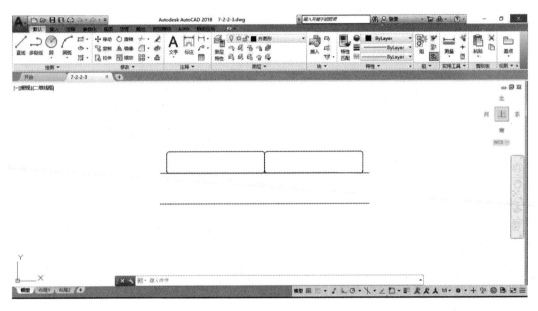

图 7-2-2-3　镜像第二个沙发座垫

（6）绘制沙发靠背

在命令行输入："O"，按空格键，使用偏移命令，或点击偏移按钮 ；

命令行提示："指定偏移距离或［通过（T）/删除（E）/图层（L）］＜通过＞:"，输入625，即沙发底座与靠背之间的距离，按空格；

命令行提示："选择要偏移的对象或［退出（E）/放弃（U）］＜退出＞:"，点击绘制的第一条直线；

命令行提示："指定要偏移的那一侧上的点"，指定直线上方的一点，便在上方出现第三条直线，然后按空格，结束偏移命令（如图 7-2-2-4）。

（7）绘制沙发扶手

在命令行输入："REC"，按空格，使用矩形命令，或点击"矩形"按钮 ；

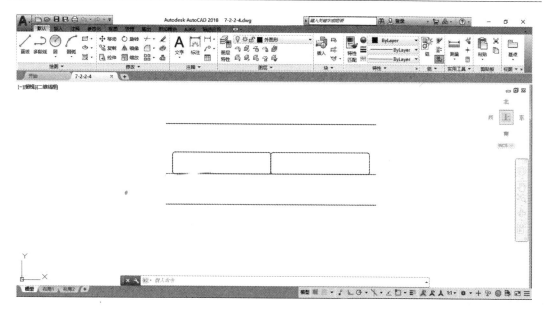

图 7-2-2-4　绘制沙发靠背

命令行提示：　"指定第一个角点或［倒角（C）/标高（E）/圆角（F）/厚度（T）/宽度（W）］:"，点击底座直线的右端点为第一点；

命令行提示："指定另一个角点或［面积（A）/尺寸（D）/旋转（R）］:"，输入："@140，625"后回车，指定扶手的宽和高；

选中刚才绘制的矩形，在命令行输入："X"，按空格，使用分解命令，或点击"修改"面板里的"分解"按钮 ，这时矩形整体被分解为四条线段；

选中被分解矩形的左边线段，输入"CO"，按空格，使用复制命令，或点击"修改"面板"复制"按钮 复制；

命令行提示："指定基点或［位移（D）/模式（O）］＜位移＞:"，用鼠标点击欲复制直线的下端点；

命令行提示："指定第二个点或＜使用第一个点作为位移＞:"，将鼠标拉向左边，并输入 50，按空格；

命令行提示："指定第二个点或［阵列（A）］＜使用第一个点作为位移＞:"，将鼠标移向右边，并输入 290，按空格；

两条线复制完毕，再次按下空格，结束多项复制的命令（如图 7-2-2-5）。

在命令行输入："EX"，使用延伸命令，或点击"修改"面板"修剪"按钮 后的小三角符号，点击"延伸"按钮 延伸；

命令行提示："选择对象或＜全部选择＞:"，用鼠标点击刚才复制的第二条直线，并按空格；

命令行提示："［栏选（F）/窗交（C）/投影（P）/边（E）/放弃（U）］:"，用鼠标点击被分解矩形上边线段靠右的位置，命令即结束，上端线段便延伸至沙发扶手外侧的直线（如图 7-2-2-6）；

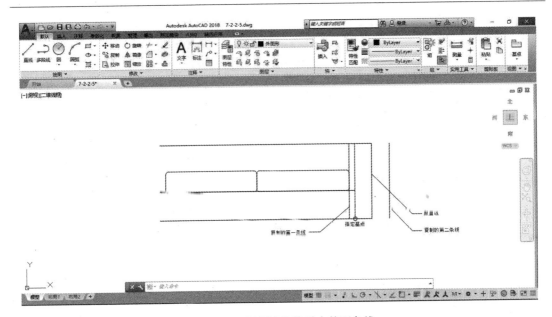

图 7-2-2-5　复制沙发扶手内外两条线

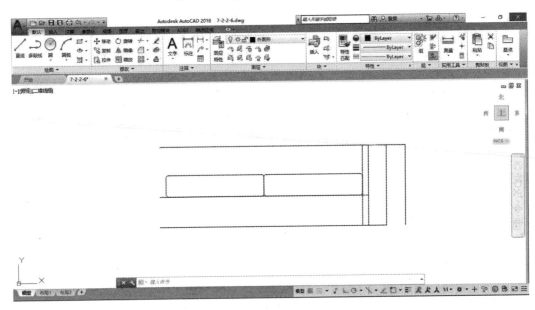

图 7-2-2-6　延伸沙发扶手线段

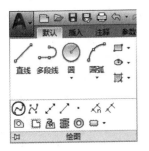

图 7-2-2-7　选择"样条曲线拟合"

在命令行输入："SPL"，或在"绘图"面板选择"样条曲线拟合"命令（如图 7-2-2-7）；

命令行提示："指定第一个点或［方式(M)/节点(K)/对象(O)］："，用鼠标在座垫稍上的位置点击直线（最好设置对象捕捉中的最近点捕捉），确定扶手曲线的第一点，可根据需要按下 F3 打开或关闭对象捕捉功能；

命令行提示："输入下一个点或［前点切向(T)/公差(L)］："，可根据扶手曲线的大致样子确定第二点；

命令行提示："输入下一点或 [端点相切(T)/公差(L)/放弃(U)]:"，接着可连续指定多个点来确定此曲线的大致形状；

待确定七八个点之后，按空格，结束命令。

这时还需要进一步调整，得到最终理想的曲线：

点击这条曲线，刚才所选的几个点会呈蓝色显示出来，用鼠标点击任意一个蓝点，会使这个蓝点变成红色，这时可以随意调整这个红点的位置，带动整个样条曲线发生变化。可以调整每一个点，直至曲线成为想要的形状（如图 7-2-2-8）。

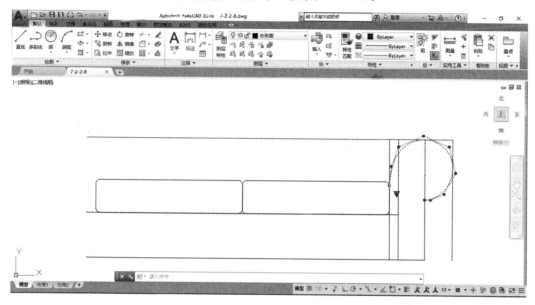

图 7-2-2-8　调整样条曲线上的控制点

用同样的方法可以绘制出沙发内侧扶手的曲线，修改后如图 7-2-2-9 所示。

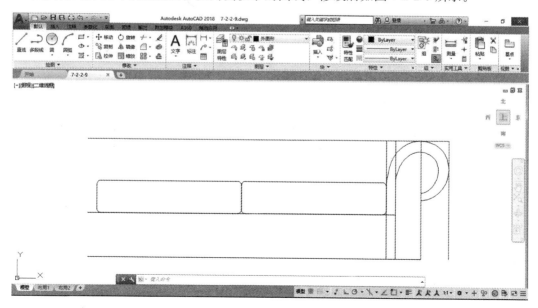

图 7-2-2-9　绘制扶手内侧的曲线

（8）修整沙发扶手

在命令行输入："TR"，双击空格，使用修剪命令，或点击"修改"面板里的"修剪"按钮 ；

命令行提示："［栏选（F）/窗交（C）/投影（P）/边（E）/放弃（U）］："，这时可以点击不需要的线，最后的剪切结果如图 7-2-2-10 所示；

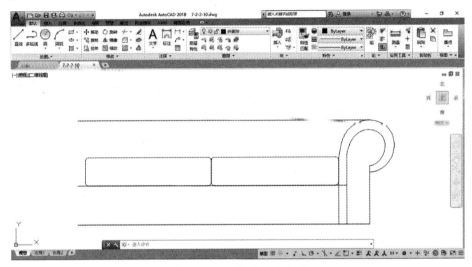

图 7-2-2-10　修剪沙发扶手

在命令行输入："A"，使用圆弧命令，或点击"绘图"面板里的"圆弧"按钮 ；

命令行提示："ARC 指定圆弧的起点或［圆心（C）］："，按下 F3 打开对象捕捉功能，在座垫的右下方指定圆弧的第一点；

命令行提示："指定圆弧的第二个点或［圆心（C）/端点（E）］："，可在沙发扶手内外侧之间指定圆弧的一个经过点；

命令行提示："指定圆弧的端点："，可在沙发扶手内侧线上指定圆弧的另一个端点。

这样就在沙发外侧扶手的左下方绘制出了一小段圆弧，并调整圆弧的形状（如图 7-2-2-11）。

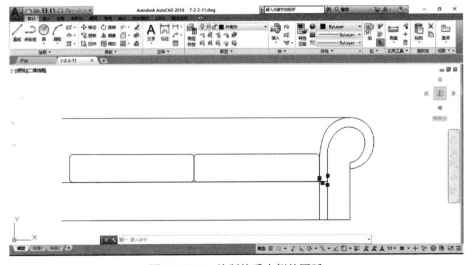

图 7-2-2-11　绘制扶手内侧的圆弧

在命令行输入："TR"，双击空格，使用修剪命令，或点击"修剪"按钮，按照之前所介绍的方法，以圆弧为剪切边，修剪沙发扶手的左下侧，结果如图 7-2-2-12 所示；

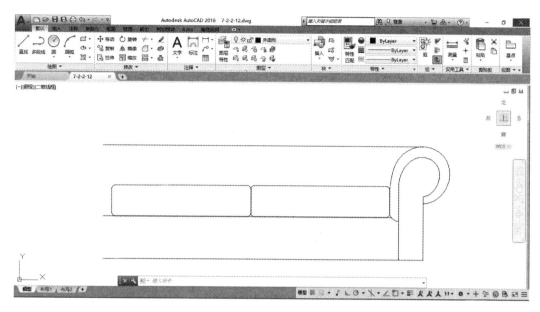

图 7-2-2-12　修剪沙发扶手左下侧

在命令行输入："F"，使用圆角命令，或点击"修改"面板里的"倒角"按钮，按照前边所介绍的方法修整圆弧与直线的交界处；

分别以 150，120，20 为半径为三个圆弧与直线的交界处倒角（如图 7-2-2-13）。

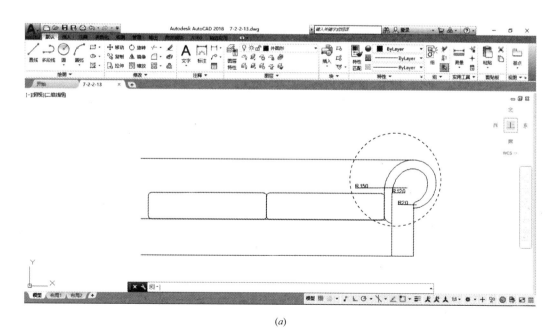

(a)

图 7-2-2-13　为直线与圆弧交接处倒圆角（一）

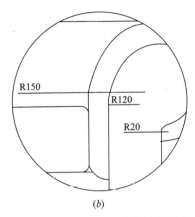

(b)

图 7-2-2-13　为直线与圆弧交接外倒圆角（二）

（9）绘制沙发脚

在命令行输入："REC"，按空格，使用矩形命令，或点击"矩形"按钮 ▭·；

命令行提示："指定第一个角点或［倒角（C）/标高（E）/圆角（F）/厚度（T）/宽度（W）］:"，任意在绘图区指定一点；

命令行提示："指定另一个角点或［面积（A）/尺寸（D）/旋转（R）］:"，输入："@60，45"后回车，指定沙发脚的宽和高；

在命令行输入"M"，按空格，使用移动命令，或点击"修改"面板里的"移动"按钮 ✛移动；

命令行提示："选择对象:"，用鼠标选中刚才绘制的矩形，按空格结束选择；

命令行提示："指定基点或［位移（D）］＜位移＞:"，这时选择矩形上边的中点为移动基点；

命令行提示："指定第二个点或＜使用第一个点作为位移＞:"，选中沙发扶手下边的中点为指定点（如图 7-2-2-14）。

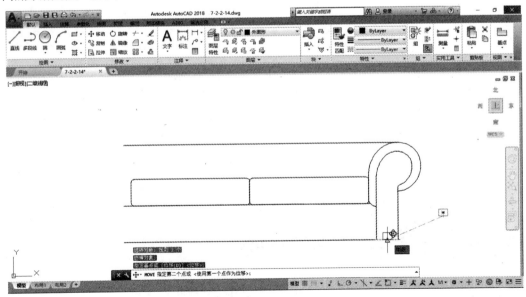

图 7-2-2-14　移动沙发脚到指定位置

在命令行输入："X"，使用分解命令，或点击"修改"面板中的"分解"按钮 ；

命令行提示："选择对象："，在绘图区用鼠标选择刚才绘制的矩形沙发脚，按空格结束命令，这时矩形整体被分解为四条线段；

在命令行输入："O"，使用偏移命令，或点击"偏移"按钮 ；

命令行提示："指定偏移距离或［通过(T)/删除(E)/图层(L)］＜通过＞："，输入 10，按空格；

命令行提示："选择要偏移的对象或［退出(E)/放弃(U)］＜退出＞："，点击已被分解的矩形的下边线段；

命令行提示："指定要偏移的那一侧上的点，或［退出(E)/多个(M)/放弃(U)］＜退出＞："，指定其上方的一点，便在上方 10 处出现一条表示底脚的线，然后按空格，结束偏移命令。

（10）绘制左侧沙发扶手

在命令行输入："MI"，使用镜像命令，或点击"修改"面板中的"镜像"按钮 镜像；

命令行提示："选择对象："，在绘图区从左向右框选右边已绘制完成的扶手和沙发脚，然后按空格结束选择；

命令行提示："指定镜像线的第一点："，选择沙发底座直线的中点，接着命令行提示指定第二点，打开"正交"，在垂直方向任意指定第二点，或选择沙发靠背直线的中点；

命令行提示："要删除源对象吗？［是(Y)/否(N)］＜N＞："，按回车，执行默认保留源对象命令；

在命令行输入："TR"，使用修剪命令，或点击"修改"面板中的"修剪"按钮 ，修剪多余的线，结果如图 7-2-2-15 所示。

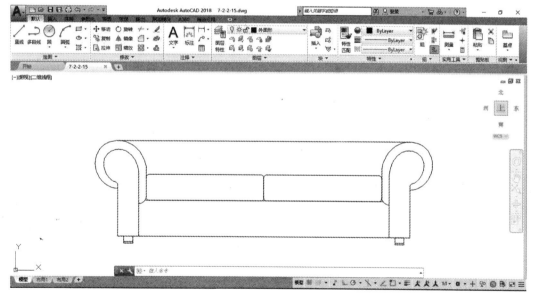

图 7-2-2-15　外形图的绘制结果

7.2.3　标注尺寸

（1）设置标注样式

双击"尺寸标注"，将图层切换至刚才设好的"尺寸标注"层；

点击"注释"选项卡"标注"面板右下角的小箭头，桌面会弹出标注样式管理器对话框，点击"新建"按钮（如图 7-2-3-1），会弹出"创建新标注样式"对话框，命名为"尺寸标注"；

在"线"选项组中，修改尺寸线和尺寸界线的参数（如图 7-2-3-2）；

在"符号和箭头"选项组中修改箭头的参数（如图 7-2-3-3）；

在"文字"选项组中，修改参数（如图 7-2-3-4），还可根据需要在这一栏中修改文字的样式，此例未修改，为默认标准样式；

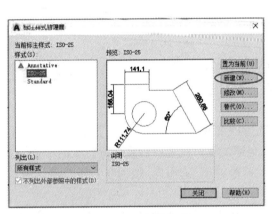

图 7-2-3-1　新建注释

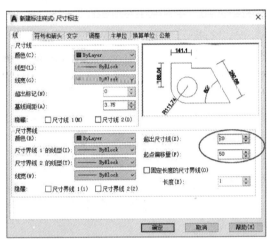

图 7-2-3-2　修改标注样式中尺寸线和尺寸界线

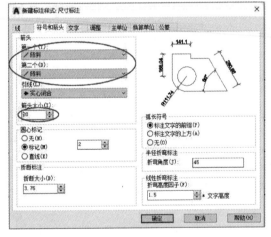

图 7-2-3-3　修改标注样式中箭头样式

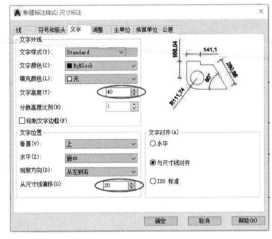

图 7-2-3-4　修改标注样式中文字参数

在"主单位"对话栏中，将精度值设为 0（如图 7-2-3-5）；

设置完成后，点击"确定"；

选中"尺寸标注"，点击"置为当前"（如图 7-2-3-6）；

关闭"标注样式管理器"对话框。

（2）为外形图进行尺寸标注

在命令行输入："DLI"，使用线性标注命令，或点击"注释"选项卡"标注"面板里的"线性标注"按钮 ⊢线性·；

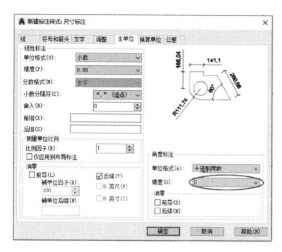

图 7-2-3-5　修改标注样式中主单位参数

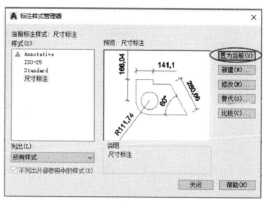

图 7-2-3-6　将新建标注样式置为当前

命令行提示："指定第一条尺寸界线原点或＜选择对象＞:"，在绘图区点击左边沙发扶手的左下端点；

命令行提示："指定第二条尺寸界线原点:"，在绘图区点击左边沙发扶手的右下端点，绘图区会出现标注的尺寸线及数值 140，调整好位置，点击鼠标左键即完成标注命令；

在命令行输入："DIMCONT"，使用连续标注命令，或点击"标注"面板里的"连续标注"按钮；

命令行提示："指定第二条尺寸界线原点或［放弃(U)/选择(S)］＜选择＞:"，在绘图区点击右边沙发扶手的左下端点，这时沙发底座的长度 1660 会被标注出来；

命令行提示："指定第二条尺寸界线原点或［放弃(U)/选择(S)］＜选择＞:"，连续点击右边沙发腿的左下角、右下角、右边沙发扶手的右下端点；

点击叠在一起的尺寸标注，将光标放在尺寸标注数值上，在出现的菜单中选择"随引线移动"（如图 7-2-3-7），或直接点击尺寸标注数值，将其变为热键，调整尺寸值的位置，最终结果如图 7-2-3-8 所示。

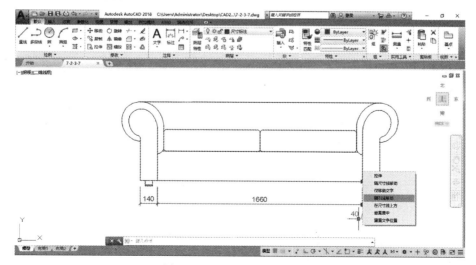

图 7-2-3-7　调整尺寸值的位置

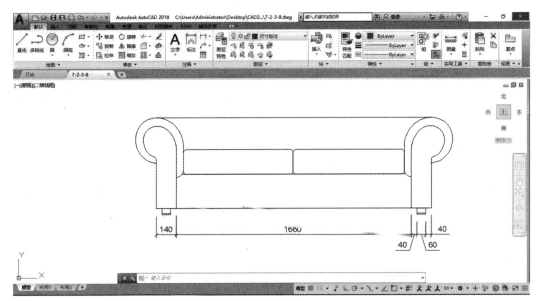

图 7-2-3-8　标注沙发扶手、底座及沙发脚的宽度

在命令行输入："DLI"，再次使用线性标注命令，或点击"线性标注"按钮 线性·；

命令行提示："指定第一条尺寸界线原点或＜选择对象＞:"，在绘图区点击左边沙发腿的左下端点；

命令行提示："指定第二条尺寸界线原点:"，在绘图区点击左边沙发腿的左上端点，绘图区会出现沙发腿的高度 45，将数值点为热键，调整它的位置；

在命令行输入："DIMCONT"，使用连续标注命令，或点击"连续标注"按钮 连续·；

命令行提示："指定第二条尺寸界线原点或［放弃(U)/选择(S)］＜选择＞:"，在绘图区连续点击沙发座垫的下线、上线、靠背的上线，得到沙发腿的高度、底座的高度、座垫的高度及靠背的高度（如图 7-2-3-9）；

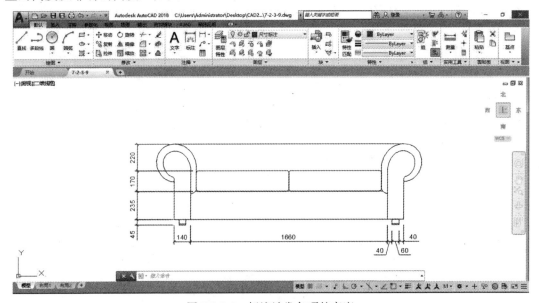

图 7-2-3-9　标注沙发各项的高度

但是这样得到的尺寸标注会与已绘制的外形图交叉，不符合家具制图规范的要求，因此还需进一步对尺寸线进行调整；

可以先在适当位置绘制一条与尺寸线平行的直线，在"对象捕捉"中设置"捕捉交点"，点击左侧的"尺寸标注"，将延伸线的基点点成热键，即由蓝变红，将这一点移至直线与延伸线的交点（如图 7-2-3-10）；

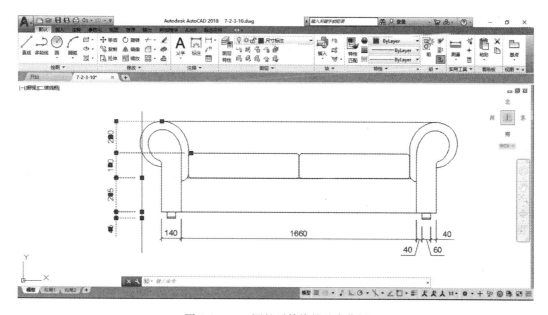

图 7-2-3-10　调整延伸线的基点位置

调整好每一个尺寸界限的基点到适当位置，删除刚才绘制的辅助直线，完成外形图的绘制及尺寸标注，最后标注结果如图 7-2-3-11 所示。

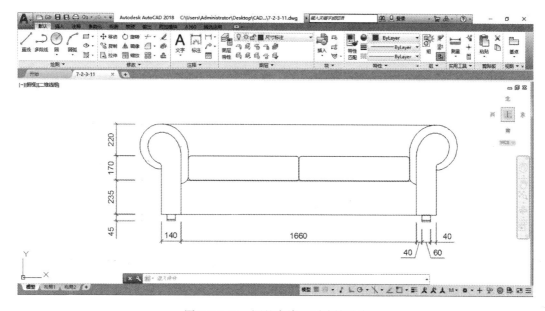

图 7-2-3-11　调整完毕，删除辅助线

7.3 沙发结构装配图的绘制

7.3.1 沙发结构装配图简述

家具结构装配图能够全面表达家具内外详细结构，在产品设计和制造过程中一般都需要画装配图，通过装配图来表达材料尺寸、性能和全部结构与装配关系，如各种接合方式、所用材料，有的还包括装配工序所需尺寸和技术要求等。这种图样不仅仅在装配车间指导零、部件装配成家具，而且在许多工厂还指导生产的全过程，如零件的配料、机械加工直至表面饰面等。所以装配图是家具图样中最常用最重要的一种。

下面就以沙发左视图为例（如图 7-3-1-1），来介绍装配图的画法。

在画图之前，可以选择外形图的文件，在此文件的空白处直接绘制，这样的好处是图层不必重新设置，利用原图层或增添新图层都可以。当然也可以新建文件，另设置新的图层，包括装配图、尺寸标注、文字标注等。

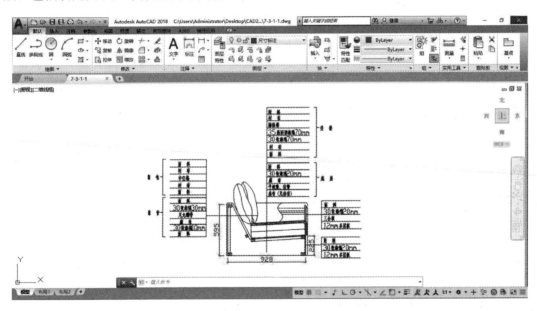

图 7-3-1-1　沙发装配图——左视图

7.3.2 绘制沙发结构装配图

（1）绘制沙发底座

点击"默认"选项卡"图层"面板中的"图层特性"按钮 ，弹出"图层特性管理器"对话框，点击"新建图层"按钮 ，新建图层，将该图层命名为"装配图"；

将图层切换至新建的"装配图"一层；

在命令行输入："L"，使用直线命令，或点击"直线"按钮 ；

命令行提示："指定第一点"，可在绘图区域任意指定一点，同时按下 F8，或开启右下角状态栏中的"正交"按钮 ，保证"正交"呈开启状态；

命令行提示："指定下一点或［放弃（U）］:"，输入 920，按回车结束命令；
再次按下回车，结束整个直线绘制的命令。

（2）绘制小木方

在命令行输入："REC"，使用矩形命令，或点击"矩形"按钮 ▭·；

命令行提示："指定第一个角点或［倒角（C）/标高（E）/圆角（F）/厚度（T）/宽度（W）］:"，点击刚才绘制直线的左端点为第一点；

命令行提示："指定另一个角点或［面积（A）/尺寸（D）/旋转（R）］:"，输入："@45，30"后回车，指定木方的宽和高；

在命令行输入："L"，使用直线命令，或点击"直线"按钮 ╱；

打开捕捉端点，连接矩形的两个对角端点，按空格键两次，再连接矩形的另外两个对角端点，木方⊠即绘制完成；

在命令行输入："CO"，使用复制命令，或点击"复制"按钮 ⅍ 复制；

命令行提示："选择对象:"，用鼠标从左向右框选刚才绘制的木方，并按空格；

命令行提示："指定基点或［位移（D）/模式（O）］<位移>:"，指定木方的右下角端点；

命令行提示："指定第二个点或<使用第一个点作为位移>:"，指定直线的右端点，即完成木方复制命令，结果如图 7-3-2-1 所示。

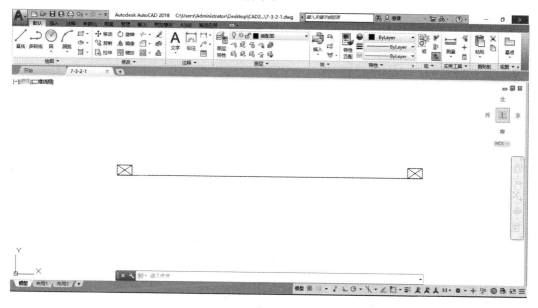

图 7-3-2-1 绘制小木方

小贴士：	
复制命令"CO"，从左向右拉动选框，只会选中框内的线条；从右向左拉动选框，会选中选框内以及与选框接触的所有线条。	

（3）绘制底座外框

在命令行输入："L"，使用直线命令，或点击"直线"按钮 ╱；

命令行提示："指定第一点"，以直线的右端点为第一点（保证正交开启）；

命令行提示："指定下一点或［放弃（U）］："，鼠标向上拉，输入 225，按空格结束命令；

命令行提示："指定下一点或［放弃（U）］："，鼠标向左拉，输入 660，按空格结束命令；

再次按下空格结束直线绘制的命令；

在命令行输入："CO"，使用复制命令，或点击"复制"按钮 复制，复制木方；

命令行提示："选择对象："，用鼠标从左向右框选左端的木方，并按空格；

命令行提示："指定基点或［位移(D)/模式(O)］＜位移＞："，任意指定一点；

命令行提示："指定第二个点或＜使用第一个点作为位移＞："，保证正交呈开启状态，鼠标向上移，输入 565，按空格结束命令；

在命令行输入："L"，使用直线命令，或点击"直线"按钮 ，连接垂直方向木方左边最近的两个端点；

在命令行输入："RO"，使用旋转命令，或点击"旋转"按钮 旋转；

命令行提示："选择对象："，点击刚才绘制的长 660 的线，按空格；

命令行提示："指定基点："，选择这条线的右端点；

命令行提示："指定旋转角度或［复制(C)/参照(R)］："，输入 3，即此直线以右端点为基点，逆时针旋转 3°；

在命令行输入："L"，使用直线命令，或点击"直线"按钮 ，连接已旋转直线的左端点与上方木方的右上端点（如图 7-3-2-2）；

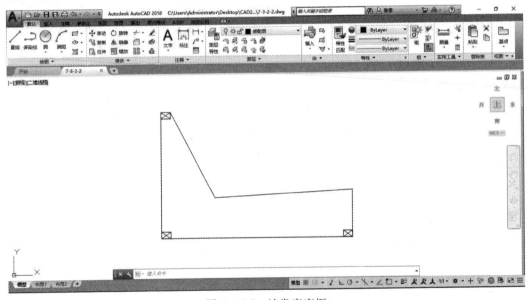

图 7-3-2-2　沙发底座框

在命令行输入："X"，使用分解命令，或点击"分解"按钮 ；

命令行提示："选择对象："，在绘图区用鼠标选择左上方的矩形，按空格结束命令，这时矩形整体被分解为四条线段；

在命令行输入："O"，使用偏移命令，或点击"偏移"按钮 ；

命令行提示："指定偏移距离或［通过(T)/删除(E)/图层(L)］＜通过＞："，输入 20，按空格；

命令行提示："选择要偏移的对象，或［退出(E)/放弃(U)］＜退出＞："，选择被分解矩形的上方线段；

命令行提示："指定要偏移的那一侧上的点，或［退出(E)/多个(M)/放弃(U)］＜退出＞："，指定上方一点，然后按空格，结束偏移命令；

在命令行输入："O"，或点击"偏移"按钮 🖢，连续使用偏移命令；

分别输入相应的偏移数值，偏移线到相应的位置（如图 7-3-2-3）；

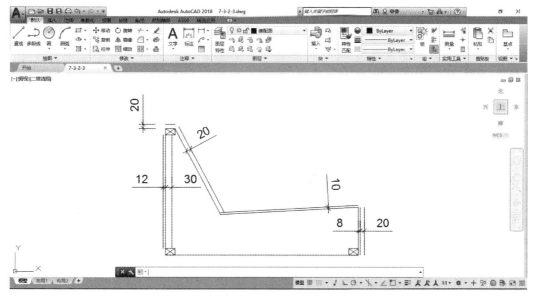

图 7-3-2-3　偏移直线到相应位置

在命令行输入："F"，使用圆角命令，或点击"倒角"按钮 △·；

在命令行输入："R"，输入半径值 0 或 15，用鼠标分别点击需要倒圆角的相邻两边（如图 7-3-2-4）。

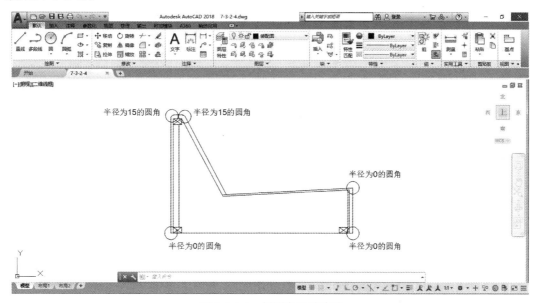

图 7-3-2-4　倒圆角连接直线

（4）将小木方做成块

在命令行输入："B"，使用创建块命令，或点击"默认"选项卡"块"面板里的"插入块"按钮 ；

这时会弹出一个对话框，在名称栏内输入"小木方"作为块的名字，点击"对象"栏内"选择对象"按钮，在绘图区选择任意一个小木方，包括矩形和交叉线，按空格，已定义的小木方变为虚线显示，按空格，返回"块定义"对话框（如图 7-3-2-5），点击"确定"按钮。

这时在绘图区点击这个块的任意一点都会选中这个木方，便于进行复制、移动等编辑命令。

（5）复制块到相应位置

右击命令栏下方"捕捉模式"按钮 ，选择"捕捉设置"，再选择"极轴追踪"选项卡，勾选"附加角"新建 3°，并按确定（如图 7-3-2-6）；

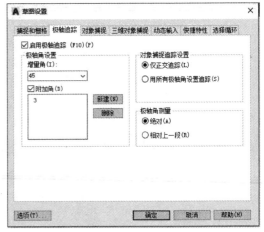

图 7-3-2-5　块定义对话框　　　图 7-3-2-6　在"极轴追踪"选项卡中新建"附加角"

在命令行输入："CO"，使用复制命令，或点击"复制"按钮 复制 ；

命令行提示："选择对象:"，用鼠标点击刚才制作的块，并按空格；

命令行提示："指定基点或 ［位移（D）/模式（O）］ ＜位移＞:"，输入 M，按空格，进行多项复制；

命令行提示："指定第二个点或＜使用第一个点作为位移＞:"，指定木方的左上点；

打开"对象捕捉"按钮 ，分别捕捉适当的点复制木方到相应位置。打开"极轴追踪"按钮 ，略微调整木方的位置角度（如图 7-3-2-7）。

（6）制作小型木方并移动到相应位置

用矩形命令绘制一个宽高均为 30 的矩形，连接两个对角点，做成一个木方；

利用创建块命令，将此小木方做成名为"小木方"的块；

打开对象捕捉中的最近点捕捉，使用移动命令，将小木方块的右上角移动到沙发靠背线上。

在命令行输入："RO"，使用旋转命令，或点击"旋转"按钮 旋转 ；

命令行提示："选择对象:"，点击小木方，按空格；

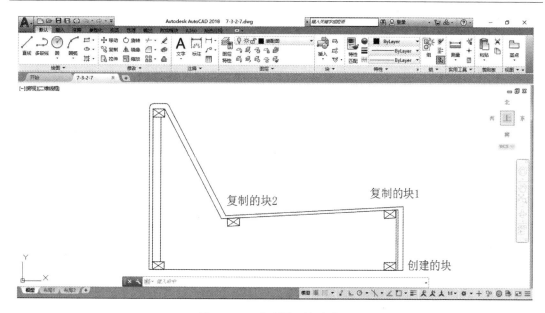

图 7-3-2-7　复制块到相应位置

命令行提示："指定基点:",以小木方的右上角为基点；

命令行提示："指定旋转角度或［复制(C)/参照(R)］:＜0＞",用最近点在靠背线上捕捉一点,即将此小木方旋转到与斜线平行的角度(如图 7-3-2-8);

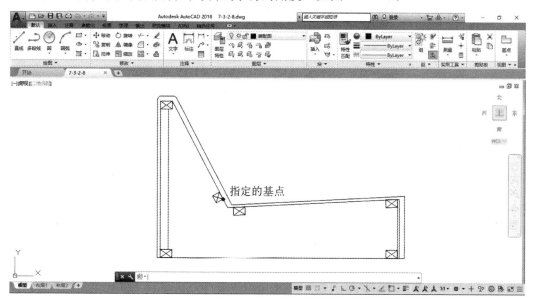

图 7-3-2-8　旋转小木方到指定位置

使用直线命令,连接座板下两个木方的角点。

(7) 绘制沙发座垫

用矩形命令"REC",绘制一个宽 670,高 170 的矩形；

用分解命令"X",炸开这个矩形成为四条线段；

用偏移命令"O",将偏移值设为 25,向内偏移上边和右边的线段；

用倒圆角命令"F"，并输入"R"，将半径设为 0，为被偏移的线段右上角倒角；

用直线命令"L"，以内侧右线中点为第一点，绘制内部矩形的一条中线（如图 7-3-2-9）；

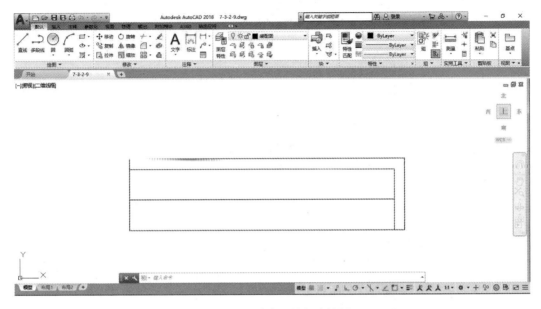

图 7-3-2-9　沙发坐垫初步绘制

用倒圆角命令"F"，并输入"R"，将半径设为 45，为沙发座垫外侧右上角倒角；

用倒圆角命令"F"，并输入"R"，将半径设为 25，为沙发座垫外侧其余三个角及内侧右上角倒角（如图 7-3-2-10）；

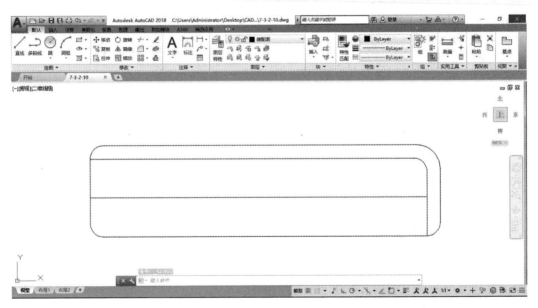

图 7-3-2-10　沙发坐垫倒角

在命令行输入"H"，使用填充命令，或点击"默认"选项卡"绘图"面板里的"图案填充"按钮 ，工具栏弹出"图案填充创建"选项卡（如图 7-3-2-11）；

图 7-3-2-11　"图案填充创建"选项卡

在"图案"面板里面点击向下的箭头符号选择 ANSI37 填充图案，选择好图案后，在"特性"面板一栏中将角度设为 0°，比例设为 4，如图 7-3-2-12 所示；

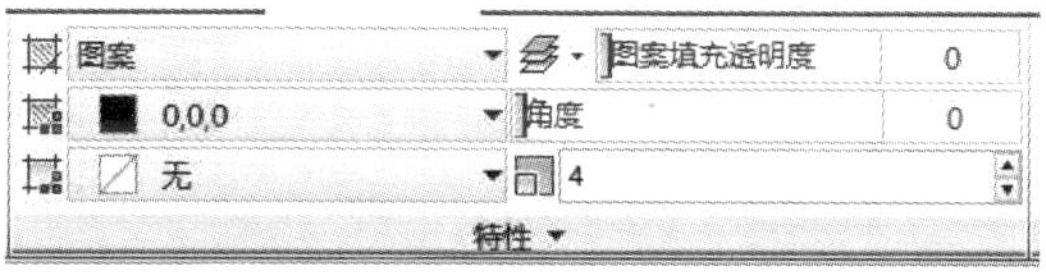

图 7-3-2-12　设置填充图案、角度及比例

再用鼠标在绘图区需要填充的内部任意指定一点，进行图案的填充（如图 7-3-2-13）；

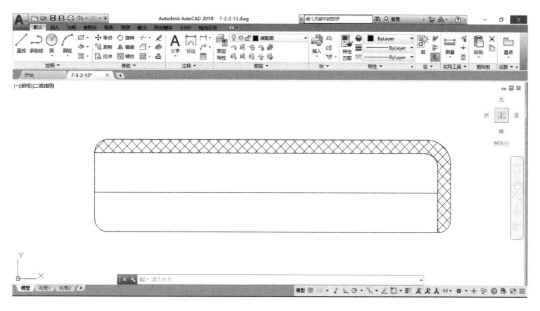

图 7-3-2-13　填充图案

用创建块命令"B"，将已倒角、填充过的沙发座垫制成块，便于操作以后对其整体的编辑命令；

使用旋转命令"RO"，让沙发座垫逆时针旋转 3°；

使用移动命令"M"，将沙发座垫移动到相应的位置，如图 7-3-2-14 所示。

（8）绘制沙发靠垫

用矩形命令"REC"，绘制一个宽 175，高 500 的矩形；

用"样条曲线拟合"命令"SPL"，在矩形的中间绘制一条靠垫的中缝线，修改曲线上的点，直至整条曲线成为想要的样子；

仍用"样条曲线拟合"命令"SPL"，以矩形的边框为界，绘制沙发靠垫的外形曲线（注意：确定曲线的点不宜太多，以八九个为宜），调整曲线，满意后删除原矩形；

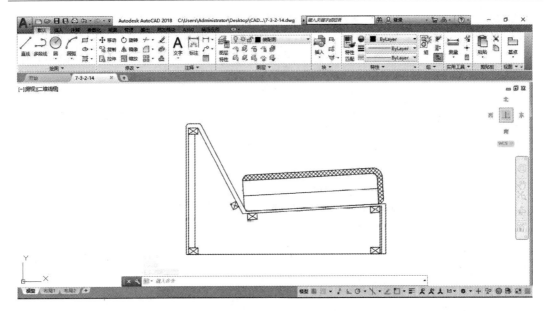

图 7-3-2-14　移动沙发座垫到相应位置

以同样的方法，在第一个靠垫的后面绘制另一个靠垫；

完成后，使用修剪命令"TR"，双击空格键，以第一个靠垫的外轮廓为界，修剪第二个靠垫的中缝与外轮廓（如图 7-3-2-15）；

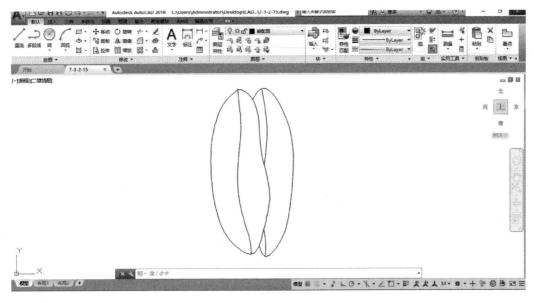

图 7-3-2-15　绘制两个靠垫

使用创建块命令"B"，将两个刚才绘制的靠垫成为一个块，便于今后的操作；

使用移动"M"和旋转命令"RO"，将靠垫调整到相应位置（如图 7-3-2-16）。

（9）绘制沙发内侧扶手

在命令行输入"F"，使用倒圆角命令，或点击"倒角"按钮 ⌐·；

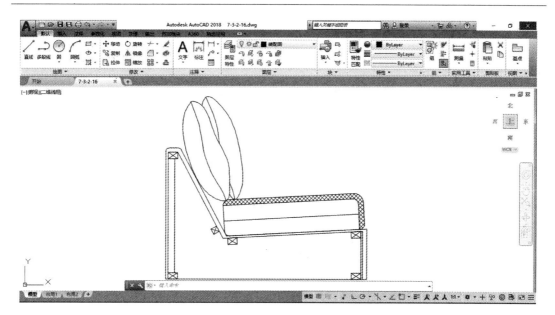

图 7-3-2-16　将靠垫移至相应位置

在命令行输入"R"，将其半径设为 0，为沙发外框的两个边倒角；

在命令行输入"TR"，双击空格键，使用修剪命令，或点击"修剪"按钮 ⊬ ·；

以沙发靠垫的外边界为修剪边界，修剪扶手上方的线（如图 7-3-2-17）；

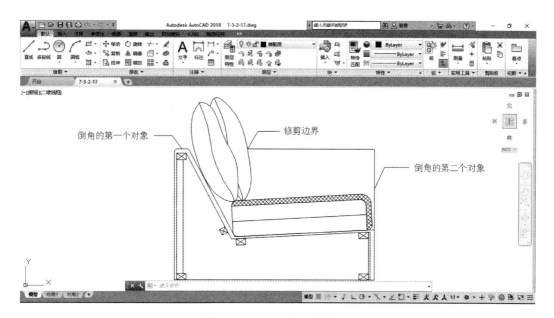

图 7-3-2-17　绘制扶手并修剪

在命令行输入"O"，使用偏移命令，或点击"偏移"按钮 ⚐ ；

分别输入 14、6、12，偏移最右侧的线到相应位置；

分别输入 67、30、20、20，偏移扶手上端的线到相应位置，结果如图 7-3-2-18 所示；

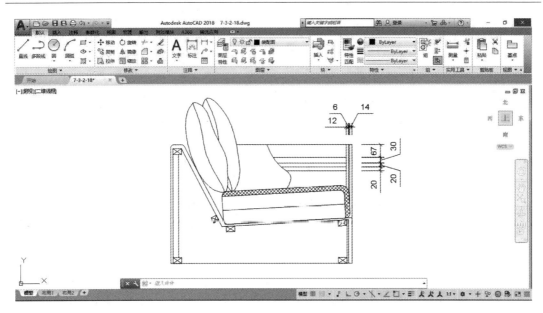

图 7-3-2-18　使用"偏移"命令

　　在命令行输入"SPL"，或点击"样条曲线拟合"按钮 ，使用样条曲线拟合命令，在座垫与扶手上线之间绘制一条曲线；

　　在命令行输入"TR"，并双击空格键，或点击"修剪"按钮 ，使用修剪命令；

　　以刚才绘制的样条曲线和右线偏移内侧的线为修剪边界，修剪扶手上线偏移出的线；

　　以座垫的外边缘为修剪边界，修剪扶手右线偏移出的线（如图 7-3-2-19）；

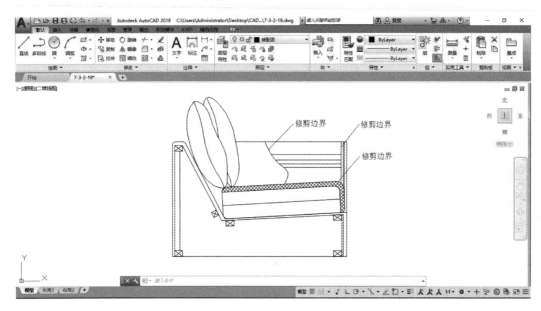

图 7-3-2-19　修剪偏移出的线

　　在命令行输入"O"，或点击"偏移"按钮 ，再次使用偏移命令，输入 30，偏移扶手上端的线到相应位置；

在命令行输入"TR"，并双击空格键，或点击"修剪"按钮 ，使用修剪命令；以相应的线为修剪边界，修剪出扶手内侧板的形状（如图 7-3-2-20）；

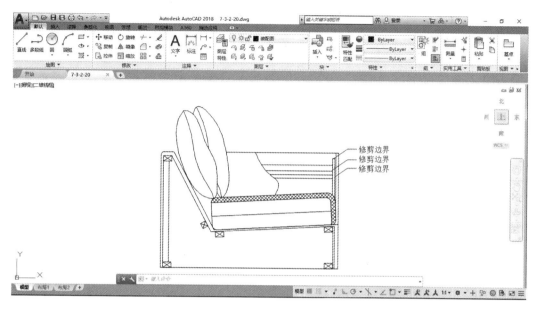

图 7-3-2-20　修剪扶手内侧板

在命令行输入"O"，或点击"偏移"按钮 ，再次使用偏移命令，输入 50 偏移扶手上端的线到下面相应位置；

在命令行输入"F"，或点击"倒角"按钮 ，使用圆角命令；

在命令行输入"R"，将其半径设为 15，为扶手倒角（如图 7-3-2-21）；

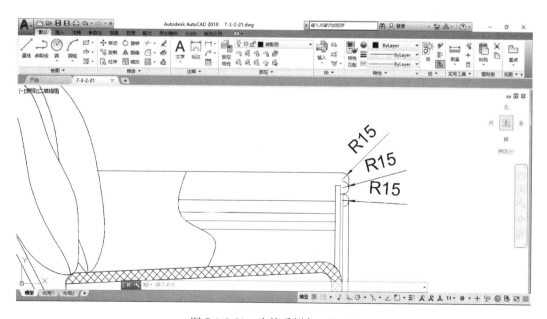

图 7-3-2-21　为扶手倒角，R＝15

在命令行输入"TR"，并双击空格键，或点击"修剪"按钮 ，使用修剪命令；

以相应的线为修剪边界，修剪多余的线；

至此装配图初步绘制完毕（如图 7-3-2-22）。

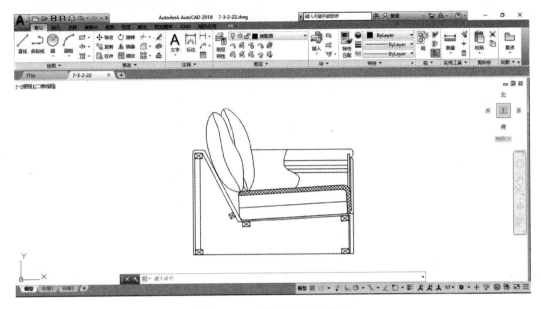

图 7-3-2-22　装配图初步完成

7.3.3　标注尺寸与材料

在命令行输入"DLI"，使用线性标注命令，或切换到"注释"选项卡点击"线性标注"按钮 线性 ；

为沙发的进深、高度和坐高标注尺寸（具体标注样式的设置可参考上一节，如图 7-3-3-1）；

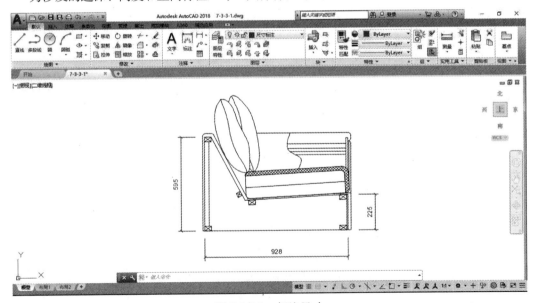

图 7-3-3-1　标注尺寸

切换至"尺寸标注"图层；

在命令行输入："DLI"，使用线性标注命令，或点击"线性标注"按钮 ⊢线性·；

在命令行输入"L"，使用直线命令，或点击"直线"按钮 ╱；

从需要标注的材料引出直线直至装配图外，再绘制一条水平短线；

用阵列命令和剪切命令绘制标注文字所需的辅助线；

在命令行输入"T"，或在"默认"选项卡"注释"面板中点击"文字"按钮 A，在如图的位置标注沙发装配图中每一种材料的名称；

最后完成整个沙发装配图的绘制（如图 7-3-3-2）。

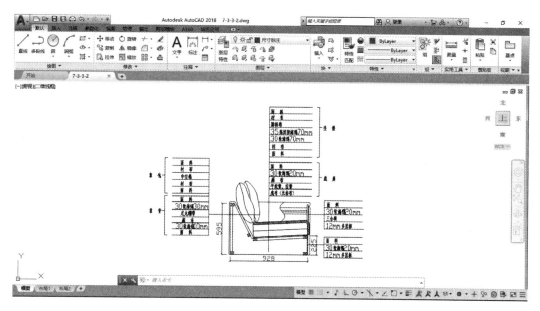

图 7-3-3-2　装配图的完成

第8章 家具三维建模及渲染

8.1 AutoCAD2018 三维绘图基础

8.1.1 进入三维建模工作空间

AutoCAD2018 系统为用户提供了"草图与注释""三维基础"以及"三维建模"三个

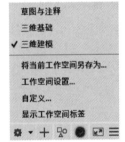

图 8-1-1-1 "工作空间"
工具栏

工作空间。启动 AutoCAD2018 时,"工作空间"工具栏会显示在工作空间的上方,默认为"快速访问工具栏"的位置如图 8-1-1-1 所示,在下拉菜单中进行选择,可以切换工作空间。亦可在状态栏中单击"切换工作空间"按钮 ,进行切换,进入三维建模的工作空间。

其中,系统预置三个工作空间。

"草图与注释":显示二维相关的功能区布置;

"三维基础":显示与三维有关的简单功能区布置;

"三维建模":显示与三维相关的详细功能区布置,与"三维建模"相比,显示更为细化。

系统未预置的"AutoCAD 经典"模式:不显示功能区,显示菜单栏、工具栏和"工具"选项板。如需使用,设置步骤参见第一章 1.2.2"小贴士"。

工作空间的区别实际上是界面上的差异,"功能区"中的选项卡和面板是集成起来的工具栏,也可以对工作空间进行自定义,构建符合自己习惯的工作界面。使用不同的工作界面对程序的使用没有影响,本书不作过多的介绍。

第一次运行 AutoCAD2018 的三维建模工作空间时,默认的工作界面如图 8-1-1-2 所示。

图 8-1-1-2 三维建模空间默认界面

如果在 AutoCAD2018 启动时，想进入"三维建模"工作空间却默认选择了"草图与注释"，那么在"AutoCAD 经典"工作空间下的工作空间工具栏的下拉列表中选择"三维建模"就可以进入"三维建模"的工作空间，如图 8-1-1-3 所示。

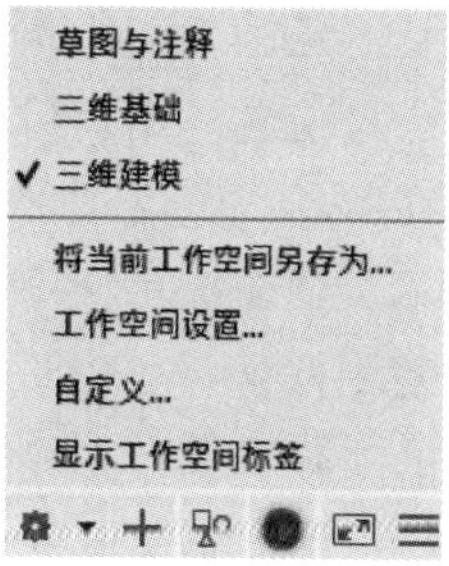

图 8-1-1-3　"工作空间"
工具栏和下拉列表

8.1.2　三维建模工作空间的基本界面

启动 AutoCAD2018，选择"三维建模工作空间"进入，与 AutoCAD 经典工作空间相比，三维建模工作空间为方便三维建模，在默认工作界面的设置上将二维部分与三维部分的功能分离，只显示了有关三维部分的选项卡。与"三维基础工作空间"相比，更为细致地显示了功能选项卡，总结来说，"三维建模"更适于较为复杂的模型，比"三维基础"应用范围广，所以本书主要以此工作空间进行讲述。

"三维建模"工作空间分为菜单浏览器、快速访问工具栏、标题栏、信息中心、绘图区、命令提示区和状态栏等几大板块，如图 8-1-2-1 所示。其中"二维"与"三维"之间的转换，较之前版本更为方便，不仅更加优化了"wcs"功能，还在绘图区域上方增加的视口、视图、视觉样式控件，也有利于用户进行相关操作。

图 8-1-2-1　三维建模空间默认界面

AutoCAD2018 工作空间的功能区选项卡和面板主要集成了三维的功能。三维建模的工作空间中包含了三维建模中常用的面板，也包括了"三维基础"中的相关面板，将不同类型的面板集成在一个选项卡，极大地方便了用户的使用。

当把光标移动到面板上的任意工具图标上时，都会有命令名称的提示。在 AutoCAD2018 版本中这样的工具提示得到了空前的增强。当光标在命令或控件上的悬停时间累积超过一个特定时间时，将显示补充工具提示，在此基础上，还增加了更为直观的动画演示功能。这个加强对于新用户学习软件有很大的帮助。

延续之前版本的设计，AutoCAD2018 的菜单浏览器将所有可用的菜单命令都显示在一个位置。用户可以搜索可用的菜单命令，也可以标记常用命令以便日后查找。使用显示在菜单浏览器顶部的搜索字段搜索菜单命令。搜索结果可以包括菜单命令、基本工具提示、命令提示文字字符串或标记。要执行菜单命令，在列表中单击所需的搜索结果。通过使用标记，用户可以根据绘图需要对命令进行分组。可以在菜单浏览器中查看最近使用过的文件和菜单命令，还可以查看打开文件的列表。菜单下有"最近使用的文档""打开文档"和"最近执行的动作"视图。

8.2 三维家具绘制实例

一般情况下，家具的三维模型主要有三种用途。模型用途不同，创建方法也有差别。第一种情况，已经完成了二维图纸，需要根据图纸制作三维模型，甚至需要进一步编辑材质完成渲染，形成图片，以向客户展示虚拟现实的效果，或者用于设计师之间探讨方案，表达设计进行交流；第二种情况，需要根据已有的真实的家具图片，制作家具三维模型进而生成二维的各个视图，再拆画成零件图以指导生产；第三种情况，设计师完全从三维入手开始创建模型以形成设计方案，根据后期需要来决定是制作相片级效果图用于交流演示还是生成二维线图拆画零件图以指导生产。本书将根据这三种不同的模型用途，分别讲解模型的创建方法。

8.2.1 板式柜子的绘制

假设目前已经在 AutoCAD 草图与注释工作空间中完成了平面的板式家具三视图的绘制，需要在此基础上创建三维模型并完成材质编辑和渲染，做出效果图。基本流程如下：

（1）根据个人习惯设定绘图环境

运行 AutoCAD2018，进入"三维建模"工作空间。根据个人爱好和习惯设置工具栏、面板和工具选项板的位置，完成绘图环境的设定。图形单位默认为毫米，精度可以在菜单栏中的"格式－单位"中根据需要自行设定，如图 8-2-1-1 所示。

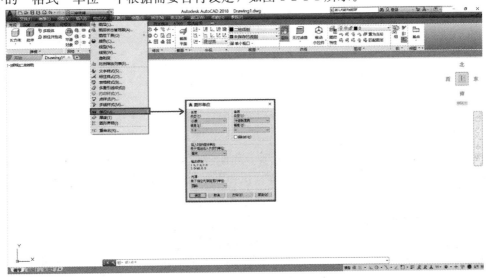

图 8-2-1-1　绘图环境

（2）打开并整理平面图

点击菜单栏"文件－打开"，或者直接点击工具栏"打开"图标 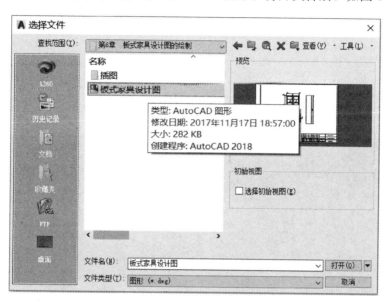，在弹出的选择文件对话框中找到之前绘制好的文件，如图 8-2-1-2 所示。打开文件后，如图 8-2-1-3 所示。

图 8-2-1-2 "选择文件"对话框

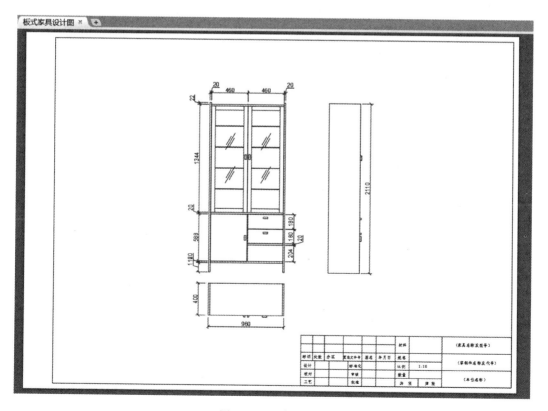

图 8-2-1-3 布局空间

由于在之前章节的操作中设置了布局以便于打印，因此需要在命令栏上方点击"模型"以回到模型环境下，如图 8-2-1-4 所示。

图 8-2-1-4 命令栏上方

如果用户习惯了使用旧版本 AutoCAD 软件，将绘图区背景颜色设置成了黑色，在空白处右击鼠标，选择"选项"，"显示"单击 颜色(C)... ，在"图形窗口颜色"右上部拉出黑色选项，即可得到如图 8-2-1-5 所示结果。

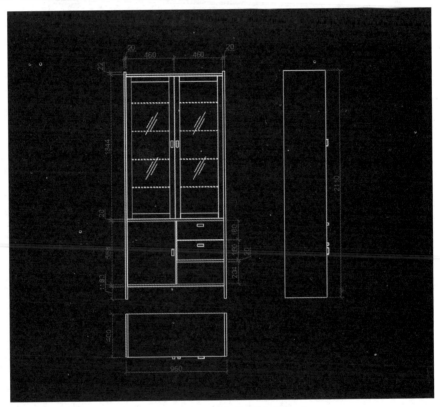

图 8-2-1-5 黑色的图形背景

删掉不需要的图框和标题栏以及文字内容，保留图线和尺寸标注部分。选择"视图控件"的"透视"，切换到具有立体感的透视投影模式，如图 8-2-1-6 所示。

由于图线颜色与灰色的背景区分不明显，到图层管理器中把图线改为其他颜色，或者在对象特性选项板中加以更改以便于识别。注意透视投影和之前的平面图相比，在坐标系和光标的样子上都发生了变化，如图 8-2-1-7 所示。

（3）变换观察角度

在"视图控件"的下拉列表中选择"西南等轴测"视图，也可以根据个人习惯选择其他角度的视图，如图 8-2-1-8 所示。

或者使用右侧导航台中的"动态观察"工具，调整到合适的观察角度，如图 8-2-1-9 所示。

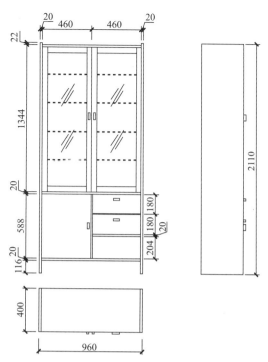

图 8-2-1-6　三维导航控制台　　　　图 8-2-1-7　更改图线颜色

图 8-2-1-8　选择视图方向　　　图 8-2-1-9　视图控件

　　如果使用三键鼠标，即带滚轮的鼠标，可以通过滚轮方便地调整观察的角度。按下鼠标滚轮（中键），光标变为手掌状 🖐，可以平移视图，与视觉导航控制台中的平移工具 🖐 功能相同；上下滚动鼠标滚轮，可以实现视图的缩放，与视觉导航控制台中的缩放工具 🔍 功能一致；按下键盘的 Shift 键，同时按下鼠标滚轮，光标变成 🔄，可以动态旋转视图。

　　在西南等轴测的视觉样式下观察平面图，如图 8-2-1-10 所示。

　　（4）模型分析

　　现实中的板式家具一般由木质板材和五金件制成。在建模过程中，各个板件完全可以使用长方体（Box）来表示，五金件比较小又隐藏在内，只要不表现过于精密的细节和内部结构，一般不用理会。在表现整件家具的立体外观时，只要不是相片级的透视效果图，毫米级别的倒角、倒圆角和缝隙常常看不出来，所以模型也不需要过于复杂的编辑。

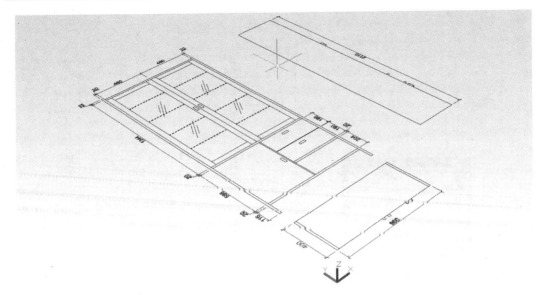

图 8-2-1-10　西南等轴侧

在 AutoCAD2018 中，可以创建出长方体的方法有很多：直接创建长方体（Box）、拉伸矩形（Extrude）、按住并拖动有限的区域（PressPull）都可以实现同样的效果。

在西南等轴测下观察三视图，基于俯视图建成的模型是人们习惯的立着的柜子；如果基于主视图建模，完成后的模型将是躺着的，需要再旋转为站立的柜子；基于左视图也能完成模型的创建，但是较为不便。也可以事先使用三维旋转把平面的三视图立起来，然后基于主视图建模，但是在使用按住并拖动（PressPull）功能时有可能需要更改坐标系UCS，而按住并拖动功能又只对有限的域有效，对常常由于模型重叠而无法找到需要拉高的面造成不便，因此需要灵活地采用多种方法，以下将分别进行讲解。

（5）补全平面图细节

根据家具生产的实际情况，设想板式家具的旁板是由边框和心板拼合的，因此事先在"视觉导航控制台"中选择"俯视图"，在俯视图和左视图上补全旁板的细节，如图 8-2-1-11中红虚线所示。

（6）拼合视图

将主视图、俯视图、左视图按照空间位置拼合之后作建模参考的方法只是为了练习三维移动和三维旋转命令，实际建模的操作中只要知道尺寸，不拼合三个视图同样可以完成模型，甚至更加快捷。掌握使用三维旋转和三维移动拼合视图后，在利用实体三个方向的照片进行建模时将大有帮助。

在西南等轴测的视角下，选中主视图和左视图的所有图线包括尺寸标注（从左上向右下框选是所有包括在内的均被选中，从右下向左上框选是所有碰到的都被选中，选择时按住键盘的 Shift 键可以向选择集中添加或减少选择对象）。

点击"三维制作控制台"的"三维旋转"图标，如图 8-2-1-12 所示。

光标变为红绿蓝（RGB）三色的旋转球状，对应坐标系的 XYZ 轴，选择左边旁板的左下角点作为旋转的端点，如图 8-2-1-13 所示。

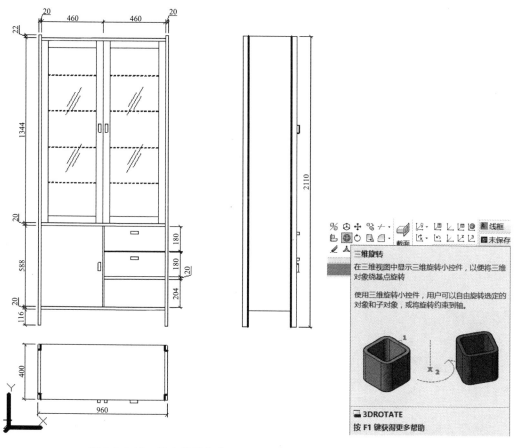

图 8-2-1-11　补全旁板细节

图 8-2-1-12　选择"三维旋转"

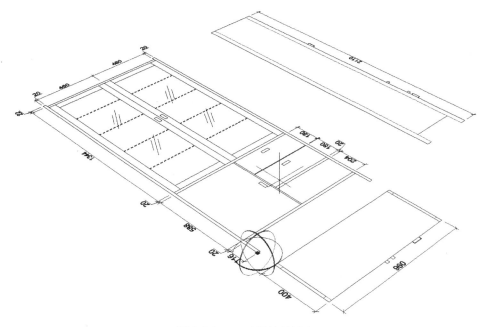

图 8-2-1-13　选择旋转端点

选择端点后，动态提示"拾取旋转轴"，移动鼠标到红色的 X 轴上，X 轴变为金色，同时红色的 X 轴延长显示，如图 8-2-1-14 所示。

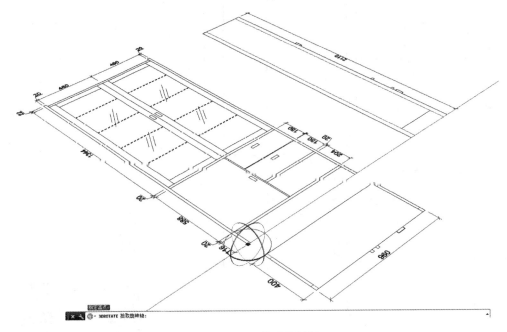

图 8-2-1-14　拾取旋转轴

点击变为金色的绕 X 轴旋转的标志，系统动态提示"指定角的起点"，选择左旁板的左上角点，指定旋转角度的起始边，如图 8-2-1-15 所示。系统又动态提示"选择角的端点"，以指定旋转角度的终止边，如图 8-2-1-16 所示。

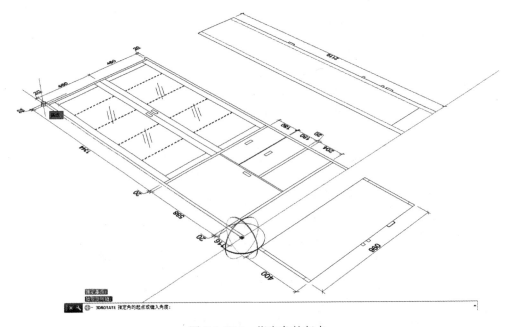

图 8-2-1-15　指定角的起点

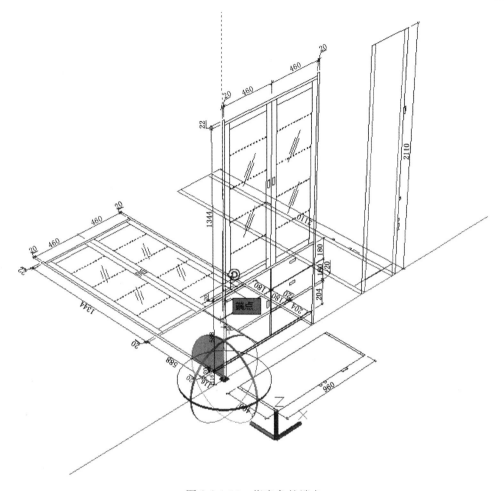

图 8-2-1-16　指定角的端点

　　直接输入需要旋转的角度 90°，或者在开启正交的状态下，用鼠标点击，得到旋转后的效果如图 8-2-1-17 所示。

　　按照上面的方法，把左视图向内旋转 90°（在动态提示"制定角的端点"时，输入角度 270°，或者打开正交指定端点），得到效果如图 8-2-1-18 所示。

　　点击"三维制作控制台"的"三维移动"工具，如图 8-2-1-19 所示，系统提示"选择对象"，选择需要移动的主视图（包括所有图线和标注的尺寸）后，按右键或者空格或者回车，确认选择对象结束，动态提示"指定基点"，选中主视图左旁板左下角点，如图 8-2-1-20 所示。

　　动态提示"指定第二个点"，选择俯视图上左旁板的左上角点。选点时，可以结合鼠标滚轮的上下滚动和按下功能，实现透明的动态缩放和平移，以实现准确地选点，如图 8-2-1-21 所示。

　　同样完成左视图的移动，最后效果如图 8-2-1-22 所示。

　　如果觉得尺寸标注影响视图，可以在图层设置中将尺寸标注的图层关闭。

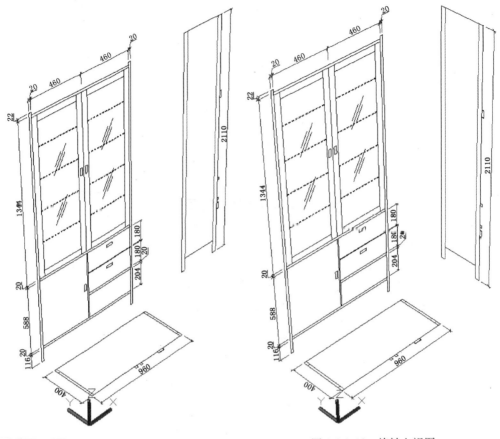

图 8-2-1-17　旋转后的效果

图 8-2-1-18　旋转左视图

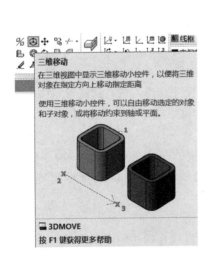

图 8-2-1-19　选择"三维移动"

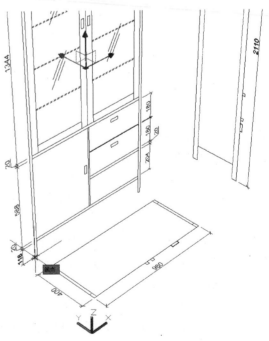

图 8-2-1-20　指定移动基点

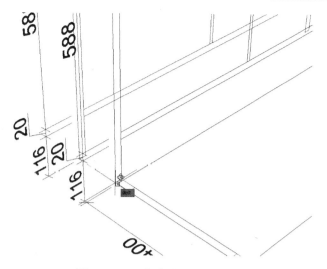

图 8-2-1-21　指定移动的第二个点

图 8-2-1-22　移动完成

（7）创建模型

新建图层用来创建三维的实体模型，设置好图层颜色，和绘图区域的背景区分开。点击"三维制作控制台"的"长方体"工具，创建旁板的边框，如图8-2-1-23所示。

使用"长方体"工具创建长方体，既可以用鼠标捕捉点，也可以从键盘输入点的坐标。而拼合三视图的目的在于不用全部记住或者测量尺寸就可以通过鼠标准确地捕捉到需要的点。

依次捕捉旁板边框的三个点后，完成创建。此时出现了事先指定好颜色的长方体线框。在"视觉样式控制台"的下拉列表中系统提供了二维线框、三维隐藏、三维线框、概念、真实共五种显示模式，用户可以根据需要自行切换，如图8-2-1-24所示。

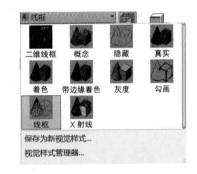

图8-2-1-23　选择"长方体"　　图8-2-1-24　"视觉样式控制台"的下拉列表

为了更方便地看出效果，通过"三维制作控制台"的工具选项板的"修改"标签下的复制工具完成其他三个边框的创建，也可以直接动态输入copy启动复制命令。二维线框视觉样式即AutoCAD经典工作空间的样子，在图8-2-1-25上可以直观地看出其他四种视觉样式的区别。

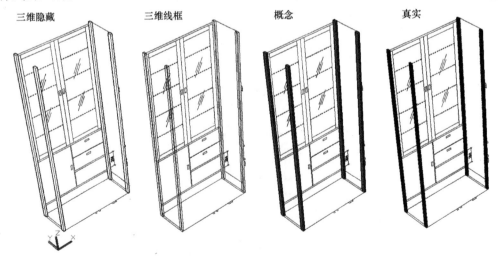

图8-2-1-25　四种视觉样式

可以继续使用"长方体"命令创建旁板的心板，也可以使用"按住并拖动"（PressPull）功能来创建旁板的心板。点击"三维制作控制台"的"按住并拖动"工具，如图8-2-1-26所示。

或者输入命令 PRESSPULL，光标变为绿色的拾取框，移动到可以按住并拖动的图形上，该图形就会显示为虚线框，这时挪动鼠标，如果是在"三维线框"视觉样式下，就会出现随光标移动的三维线框，指定端点或者输入高度（本实例中高度为 2110mm），模型就创建完成了。

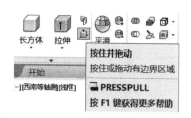

图 8-2-1-26　选择"按住并拖动"

"按住并拖动"功能不仅适用于矩形，对于在已经完成了的平面图上创建出有高度的立体也十分便捷，具体内容可以参照 AutoCAD2018 帮助文档。操作过程如图 8-2-1-27 所示。

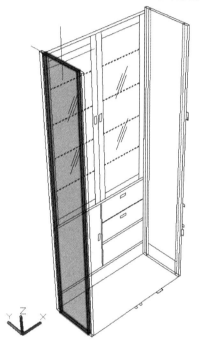

图 8-2-1-27　"按住并拖动"的操作

由于柜子本来是亮脚柜，也就是说旁板心板不落地，四个边框当作柜脚，所以还需要把心板下部挖掉，亮出柜脚。

可以回到主视图使用尺寸标注，也可以使用"查询距离"工具（工具栏内点右键，弹出的快捷菜单中选择"查询"，调出"查询"工具栏），或者直接输入 dist 命令，量得挖掉部分的尺寸是 280mm 长，116mm 高。也可以利用左视图作参考，直接用鼠标捕捉点。

或者使用"按住并拖动"挖掉不需要的部分，只要在创建矩形选择矩形的第一个点前，鼠标在需要创建矩形的平面上停滞片刻，待这个平面线框成虚线显示时，就可以在这个平面上创建图形了。

下面练习一下 UCS 的做法，找到"三维制作控制台"工具选项板的"建模"标签，点击 UCS 工具 ，根据动态或命令行提示重新指定 X、Y、Z 轴，使 Z 轴垂直于心板向外，把心板的外表面作为 XY 平面，并在心板外表面绘制 320mm×116mm 的矩形线框，如图 8-2-1-28 所示，注意输入数字的正负。

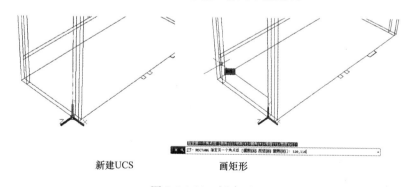

新建UCS　　　　　　　　画矩形

图 8-2-1-28　新建 UCS

使用"按住并拖动"功能，在"三维制作控制台"中点击"按住并拖动"工具图标，拾取矩形，向柜内拖动并单击，以挖掉此一部分，如图 8-2-1-29 所示。

成功后的三维线框视觉样式和概念视觉样式下的效果如图 8-2-1-30 所示。

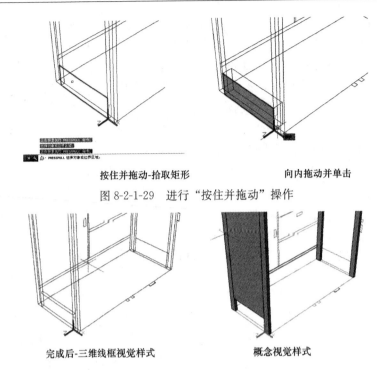

按住并拖动-拾取矩形　　　　　向内拖动并单击

图 8-2-1-29　进行"按住并拖动"操作

完成后-三维线框视觉样式　　　　　概念视觉样式

图 8-2-1-30　挖出亮脚的效果

图 8-2-1-31　选择"拉伸"

复制得到右旁板心板。

对于柜子的顶板、底板和两块中间隔板可以使用拉伸功能一次性同时完成。先选中这四个矩形（可以结合键盘的 Shift 键添加或减少选择），点击"三维制作控制台"的"拉伸"工具，如图 8-2-1-31 所示，或者直接输入"extrude"（输入命令简写 ext 也可以）。

系统提示"指定拉伸的高度"，由于旁板宽 400mm，减去背板的厚度 10mm，输入 390 为四块板的宽度。使用移动工具，移动四块板与旁板的前边沿对齐。

使用"三维制作控制台"的工具选项板的"建模"标签里的 UCS 工具，或者直接键盘输入"UCS"，在命令行或动态提示中切换回世界坐标系。完成后的"三维线框"和"概念视觉样式"效果如图 8-2-1-32 所示。

综合运用以上提供的三种方法完成柜门（含柜门边框、柜门玻璃、柜门把手）、抽屉面板、抽屉把手、背板的创建，最终完成整个柜子的建模后，关闭其他图层，效果如图 8-2-1-33 所示。

（8）搭建场景，调整视图

假设把这件柜子放在 3m×3m×3m，没有开窗的房间一角，房间顶棚上有一盏吸顶灯或吊灯，还有一盏射向柜内的射灯，人在房间的另一角看柜子。

用户可以新"创建相机"以得到合适的观看角度，也完全可以不新"创建相机"，单纯调节视图得到合适的观看角度，并通过"三维导航控制台"的下拉列表中的"新建视图"把调整好的视图保存下来以备以后方便地调用。

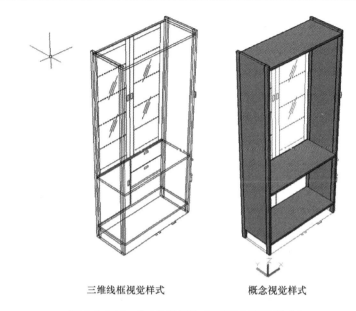

三维线框视觉样式　　　　　　　　概念视觉样式

图 8-2-1-32　"三维线框"和"概念视觉样式"

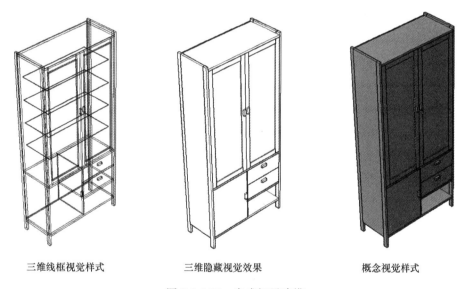

三维线框视觉样式　　　　　三维隐藏视觉效果　　　　　概念视觉样式

图 8-2-1-33　完成柜子建模

　　用六个长方体搭建围合成 3m×3m×3m 的室内空间，然后点击"三维导航控制台"内的"创建相机"工具，在视图内创建摄像机模仿人眼，一般视高 1.5～1.7m，如图 8-2-1-34 所示。

　　系统提示"指定相机位置"，可以先在"三维导航控制台"的"平行投影"模式下，在下拉列表中选择"俯视图"，以准确地确定相机的平面位置，之后确定目标点位置，如图 8-2-1-35 所示。

　　确定相机和目标点的水平位置后，可以跳到"三维导航控制台"的"透视投影"下的主视图，调整相机和目标点的高度。选中刚才创建的相机，弹出"相机预览"对话框，可以观察相机和目标点高度是否合适，如图 8-2-1-36 所示。

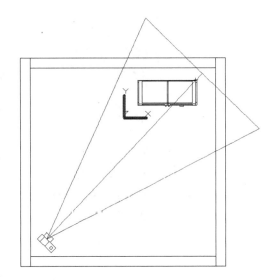

图 8-2-1-34　选择"创建相机"　　　　图 8-2-1-35　确定目标点位置

关闭"相机预览"对话框，将光标移动到相机的蓝色夹点上，会出现红绿蓝（RGB）三色的坐标系图标，在坐标系图标上挪动光标，选择想挪动的方向，相应的轴会变为金色，并出现轴的延长线，挪动相机到合适的位置并单击，确定相机的新位置。同样方法调整目标点的位置，如图 8-2-1-37 所示。

选中相机，在"对象特性"选项板（Ctrl＋1）中修改相机焦距和视野，结合相机和目标点的位置，得到合适的相机视图（如图 8-2-1-38）。

（9）光源

图 8-2-1-36　"相机预览"对话框

AutoCAD2018 提供了优秀的阳光系统，有兴趣的用户可以自行尝试。在这里，以创建室内模仿室内环境的人造灯光源为例讲解光源控制台的使用。

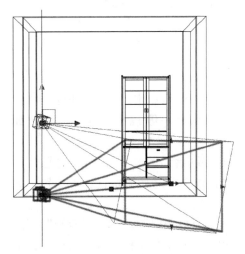

图 8-2-1-37　挪动相机位置　　　　　图 8-2-1-38　修改视野

点击"光源控制台"左上角图标，滑出隐藏的工具，选择"创建点光源"，或者在出现的"光源控制台"的工具选项板中选择"创建点光源"，如图 8-2-1-39 所示。

系统弹出"视口光源模式"的提示对话框，询问是否在用户自行创建光源的同时关闭系统提供的默认光源，点击"是"，如图 8-2-1-40 所示。

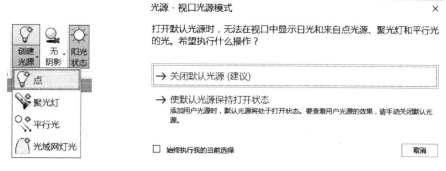

图 8-2-1-39　选择"创建点光源"　　　　图 8-2-1-40　"视口光源模式"对话框

系统提示"指定光源位置"，与设定相机位置相同，可以先在平行投影的俯视图下确定水平位置，再到平行投影的主视图下，确定光源高度，从而完成点光源位置的指定。

再创建一盏聚光灯。点击"光源控制台"的"创建聚光灯"，如图 8-2-1-41 所示，或者在"光源控制台"的工具选项板中选择"聚光灯"工具。

聚光灯如同相机一样，还需要指定目标点的位置。完成后在西南等轴测下观察视图大体位置如下，如图 8-2-1-42 所示。

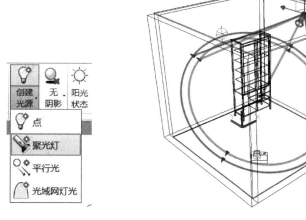

图 8-2-1-41　选择"创建聚光灯"　　　　图 8-2-1-42　聚光灯位置

通常情况下，可以按照真实生活中人和灯光以及物体的相对位置来布置，也可以按照摄影的打光理论和经验来布置。比如以相机和目标点的连线为准绳，分别打主光和辅光。点光源做主光，位于相机左上方，与相机和目标点的连线成 30°～45°角的范围，光线射向四面八方，主要照亮环境和物体，还能通过反射提供均匀的环境照明；聚光灯做辅光，位于相机右上前方 45°～60°的范围，补充出侧面反光，削弱过强的明暗对比，增加照明的层次感，同时可以提供定向的阴影。相机、物体和灯光的位置与最后的渲染效果息息相关，需要不断地摸索并积累经验。

如图中聚光灯出现的光锥状线圈，内圈表示聚光角，外圈表示衰减。可以选中聚光灯后，在特性选项板（Ctrl+1）中调节。有关点光源的属性同样可以在特性选项板（Ctrl+1）中调整，如图 8-2-1-43 所示。

图 8-2-1-43　调整点光源的属性

可以回到相机视图，选择"真实"视觉效果，等编辑完材质后再仔细调整灯光，如图 8-2-1-44 所示。

图 8-2-1-44　真实视觉效果

点击"渲染控制台"的"渲染到尺寸"按钮，如图 8-2-1-45 所示。

图 8-2-1-45　选择"渲染到尺寸"

出现"渲染"窗口，进行渲染，完成后如图 8-2-1-46 所示，在图中可以清楚地看到聚光灯形成的光斑效果以及点光源和聚光灯投下的阴影。

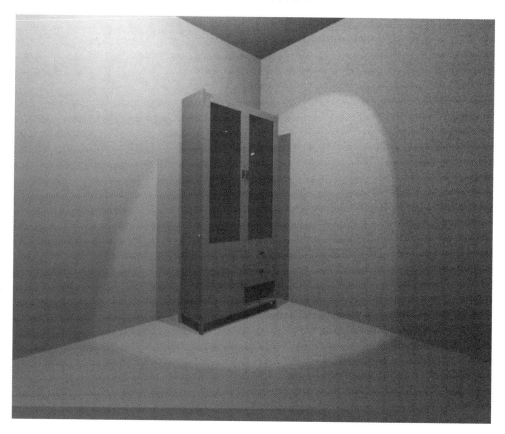

图 8-2-1-46　渲染图

（10）材质

AutoCAD2018 提供了多种材质可以选择，在"渲染"面板"材质"选项卡中包含了对材质的各种操作。点击"材质浏览器"，如图 8-2-1-47 所示。

图 8-2-1-47　"材质浏览器"

弹出材质浏览器，点击 Autodesk 库前的右向小三角，三角变为向下时弹出可供选择的多种材质，如图 8-2-1-48 所示。包括：表面处理、玻璃、混凝土、金属、木材、墙漆、石料、陶瓷、织物和砖石等 23 类材质，每种材质类型后都有详细的说明，其中前面有右向小三角的都可点击弹出子类材质。点击 圖 将各类材质样例全部拉出，方便比较和观察，即可根据需要自行选择合适材质，如图 8-2-1-49 所示。

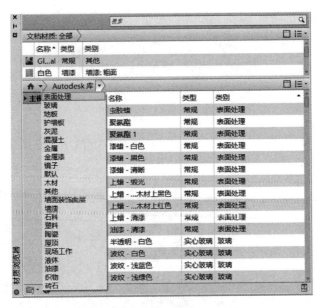

图 8-2-1-48 "材质"选项板

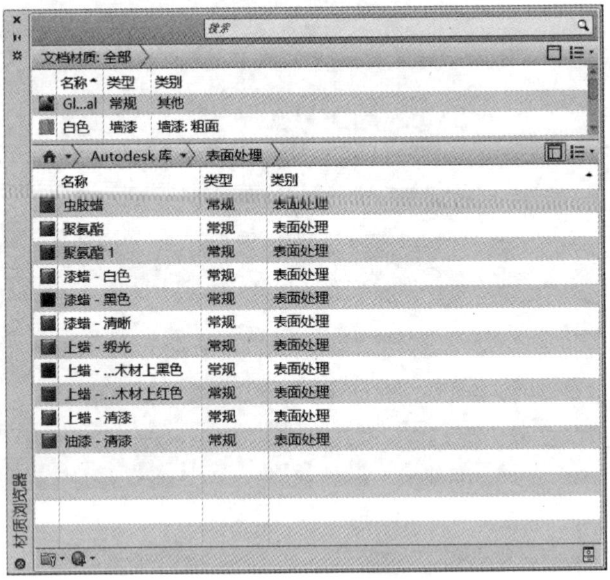

图 8-2-1-49 "材质"样例

　　单击文档材质栏中的向下小三角，出现下拉式的五种选择："显示 全部""显示 应用的""显示 选定的""显示 未使用的""清除所有未使用项"，默认选择"显示 全部"。如图 8-2-1-50 所示。选择需要的材质可将其直接拖动到对象上，或双击该材质，在文档材质栏下出现已选择的材质样例，然后将材质样例拖动到场景中的对应对象，可避免重复寻找。

　　使用"墙面装饰面层．垂直条纹-蓝灰色"材质，并将其赋予相机中渲染可视的墙体。同样，将地板材料标签中的"地板．木材．硬木-厚木板"赋予场景中的地板。

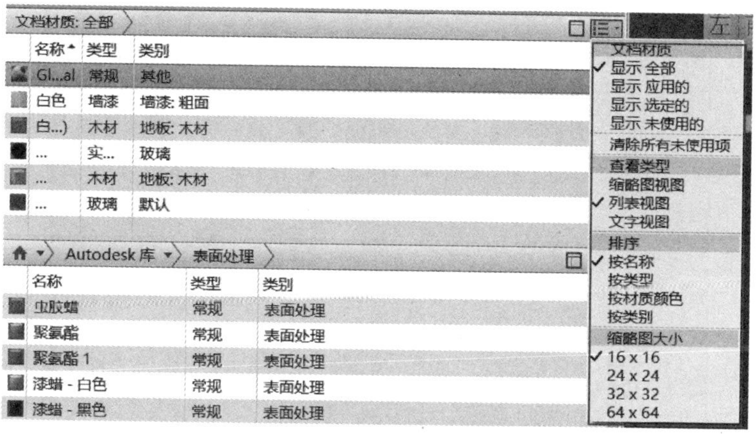

图 8-2-1-50　"文档材质"选择

在"渲染"选项卡下的"材质"面板中，控制材质和纹理的状态为开，贴图方式为长方体，在"视图"选项卡下的"视觉样式"面板中，控制视觉样式为"真实"，此时场景中显示出了材质和纹理，如图 8-2-1-51 所示，默认只有一种"全局材质"。

双击材质，在"材质"选项板中选中需要编辑的材质，系统已经设置好了基本的参数，包括样板、反光度、折射率等基本的物理光学特性，如图 8-2-1-52 所示。

图 8-2-1-51　显示地板和墙壁材质及纹理

图 8-2-1-52　"材质"选项板

用户可以点击"图像"右侧小三角图标，选择"编辑图像"，系统预设的材质球也可根据用户需要进行编辑，双击文档材质栏下的材质球，弹出"纹理编辑器"即可发现系统已经设置好了基本的参数，包括颜色、图像、褪色、光泽度、高光等基本的物理光学特性，如对系统预设的材质有更进一步要求，可对各项参数进行修改。同时，在窗口中可以直观地看到调整的效果，如图 8-2-1-53 所示。

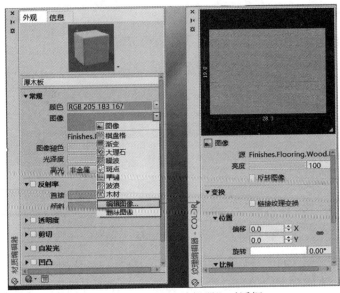

图 8-2-1-53 "纹理编辑器"对话框

这里暂时接受默认设置，用户可以自行尝试不同设置的不同效果。

按照同样的方法给柜子的板子赋予合适的木质材质，柜门把手和抽屉把手赋予不锈钢材质，柜门上和柜子内的玻璃赋予玻璃材质，选择对象时，如果想选择重叠的对象，需要按住 Shift 键，再按空格键，在循环的重叠对象中进行选择。如果打开了输入法，请切换回 Windows 默认的中文状态。材质贴图的方式以及"纹理编辑器"对话框中材质比例、位置都将影响最后的外观，又由于相机位置和角度的问题，不近看则看不出纹理和贴图是否正确，这时可以放大视图，近距离观察以保证真实的效果。完成后视图中显示如图 8-2-1-54 所示。

点击"渲染控制台"中的"渲染"按钮，简单渲染一下，效果如图 8-2-1-55 所示。

图 8-2-1-54 柜子、把手、玻璃搁板等材质贴图

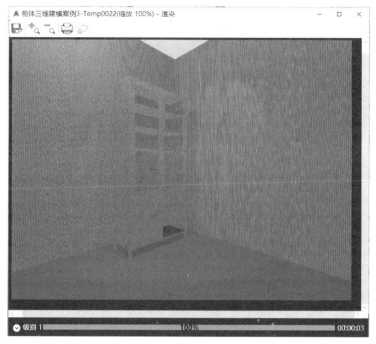

图 8-2-1-55　简单渲染

（11）渲染

AutoCAD2018 使用的是 Mental Ray 渲染器，支持光线追踪（Ray Trace）和全局光（GI），对于间接照明以及玻璃、金属等材质和阴影都有上佳表现，理论上能达到虚拟真实的效果，得到相片级的效果图。

点击"渲染"选项卡的"渲染"面板中的"渲染"命令可以对当前场景进行渲染，或点击渲染下的小三角选择"渲染面域"拾取要修剪的渲染窗口，可在图上进行小范围的渲染观察效果，如图 8-2-1-56 所示。

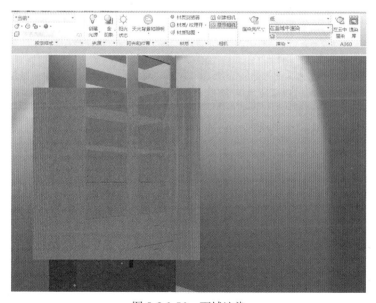

图 8-2-1-56　面域渲染

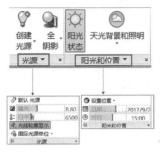

图 8-2-1-57　"光源"与
"阳光和位置"设置

其中"阴影"和"光线追踪"两项是系统的默认设置，在不开启"间接发光"的情况下也是如此。而系统渲染的默认设置是不开启"间接发光"的，也就是说，光线从光源发出后，到达表面就结束了，不再反射，显然不符合自然规律。

通过调节"光源"和"阳光和位置"并开启"天光背景和照明"后，如图 8-2-1-57 所示，从表面反射回的光线也将被计算，这样效果将更加真实。设置好"光子"数目、"半径"以及"最终采集"等项内容，具体情况请参阅 AutoCAD2018 帮助文档的渲染部分。再次进行渲染，技术分析中多了"全局照明"和"最终采集"两项参数，得到效果如图 8-2-1-58 所示。

图 8-2-1-58　渲染效果

很明显，渲染质量提高了，图片更清晰，效果更真实，尤其是阴影的层次感、玻璃和透过玻璃形成的光影、表面材质的质感都有很大的进步，但是渲染的时间也成倍地变长。这也可以看出，系统默认不开启"间接发光"的设置，是牺牲了渲染质量以换得渲染速度。

点击渲染右侧 ▣ 图标或输入命令"RPPEF"，弹出"渲染预设管理器"选项板，如图 8-2-1-59 所示。可以设置渲染大小、渲染持续时间和渲染精确性。

用户还可以在"当前预设"的下拉列表中，选择更高的渲染质量，或者点击 ⚙ 图标，创建新的预设副本，如图 8-2-1-60 所示。

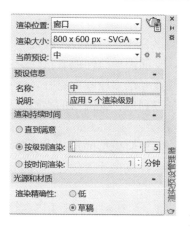 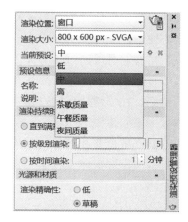

　　图 8-2-1-59　"渲染预设管理器"选项板　　图 8-2-1-60　"当前预设"对话框

　　要想得到好的渲染效果，仅靠"渲染控制台"的调节还是不够的，需要模型、材质、光源的全方面配合。以本实例中的柜子来分析，模型可以做得更加精细，为柜子的板材添加棱角以更加真实，现实中不可避免的缝隙也都准确地模拟出来。材质在系统默认的基础上仔细地加以调节，调整材质的颜色，为材质添加凹凸贴图以增强质感；准确的拼贴材质与材质的缝隙，设定材质的贴图坐标和重复拼贴的次数，保证各个面看上去都是真实的效果；光源的颜色和亮度以及聚光灯衰减的范围和幅度，都可以设置得更加真实或者具有艺术效果。最后提高渲染出图的分辨率。这样得到的效果会更好，但是模型会更复杂，渲染的时间将更长。

8.2.2　沙发的绘制

　　AutoCAD2018 提供了便利的三维建模工作空间，这为设计师直接从立体入手进行创意和设计提供了可能，本章节将以著名的现代主义设计大师勒·柯布西耶的代表作"豪华舒适椅"（Grand Comfort）为例，讲解不依靠平面图，完全从立体入手进行建模和设计的方法。

　　（1）创建模型

　　首先看一下实物，如图 8-2-2-1 所示。

图 8-2-2-1　"豪华舒适椅"（Grand Comfort）实物照片

尽管与其他三维建模软件如 3DsMAX 相比，AutoCAD2018 在自由曲线和曲面的建模方面还不是很方便，但是对于不要求十分逼真的场合还是可以胜任的。

从图片分析来看，可以通过长方体倒圆角，平面图形拉伸或者按住并拖动之后再倒圆角来模拟具有体量感的沙发坐垫、靠垫和扶手；以三维多段线为路径，圆为扫掠图形的方法创建钢管的造型。在创建造型的过程中，还可以利用三维图形的夹点便利地进行编辑和修改，图中的数字表明建模的步骤。

需要说明的是，根据照片近似的完成建模，需要对模型的尺寸有比较准确的把握，对于本例，需要具备一定的人体工程学知识、基本的家具尺寸常识、准确的比例和尺度感以及一定的艺术美感。

运行 AutoCAD2018，选择讲入三维建模空间，在功能区"常用"选项卡"建模"面板中使用"长方体"工具在场景中创建宽 550mm（座深，X 轴方向），长 600mm（座宽，Y 轴方向），高 200mm（Z 轴方向）的长方体作为沙发坐垫下面的底座，打开极轴追踪，指定第一点后，输入"L"，X 轴方向"指定长度"：550，"指定宽度"：600，"指定高度"：200。

在功能区"常用"选项卡的"修改"面板中，找到"圆角"工具 ⬜（命令为 Fillet），系统提示"选择对象"，光标变为方形的拾取框，点选长方体的一条边，以选中长方体，最好是选择需要进行圆角的边；系统提示"输入圆角半径"，这里输入 30；系统提示"选择需要进行圆角的边"，选择长方体 X 轴方向向外的四条边，然后按空格键或回车键或右键确定，完成倒圆角，如图 8-2-2-2 所示。

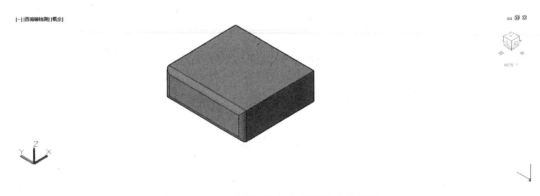

图 8-2-2-2　创建沙发坐垫的下底座并倒角

对于底座来说，只有向外的四条边是可以看到的，所以只需要对这四条边进行倒圆角，以减少模型的复杂程度，节省多边形的个数，这样能提高渲染时的计算速度，并且没有倒角后面的四个直角点可以留作准确定位的参考。

再次使用"长方体"工具创建宽 550mm（座深，X 轴方向），长 600mm（座宽，Y 轴方向），高 150mm（Z 轴方向）的长方体作为沙发坐垫。对坐垫上表面的四条边倒圆角，半径 60，对座垫看面的左、右、下三条边倒圆角，半径 30，完成后效果如图 8-2-2-3 所示。

图 8-2-2-3　创建沙发坐垫并倒角

创建沙发靠垫，宽 200mm（X 轴方向），长 600mm（Y 轴方向），高 600mm（Z 轴方向）。分别对其看面和顶面的棱进行倒圆角，半径为 60mm 和 30mm。圆角半径大小与长方体尺寸一样，都为根据图片目测估算，用户也可以自行设计尺寸数值，完成后效果如图 8-2-2-4 所示。

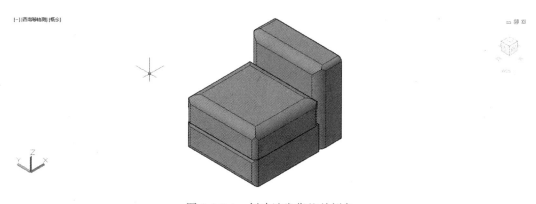

图 8-2-2-4　创建沙发靠垫并倒角

相对于坐垫和靠垫，扶手稍微复杂一点，不能简单地通过长方体（Box）来模拟，但可以通过平面图形拉伸的方法来创建。如图 8-2-2-5 所示，使用直线和圆弧画出扶手看面的轮廓线，具体尺寸可以参考图中数字也可以根据比例自行设定，为了便捷地绘制平面图形，可以重新设定用户坐标系 UCS，将作平面图形和辅助线的面改为 XY 坐标面，根据需要开启正交和捕捉。

拉伸立体扶手时，可以使用"拉伸"（Extrude）也可以使用"按住并拖动"（PressPull），前者需要平面图形是闭合的，后者只要是成封闭的区域即可。

为了区分出平面图形、辅助线、实体，可以新建图层，并在图层中加以管理，关闭辅助线图层，保留平面图形原始轮廓线，使用"按住并拖动"，输入：780。

拉伸扶手看面轮廓成立体，对扶手的可见棱进行倒圆角，半径 30mm，镜像得到另外一个扶手，如图 8-2-2-6 所示。

直接使用"长方体"创建沙发的金属底盘。如果创建后觉得不合适，可以通过对长方体夹点进行编辑的方式，方便地更改长方体的长、宽、高、位置等各项几何参数，如图 8-2-2-7所示。

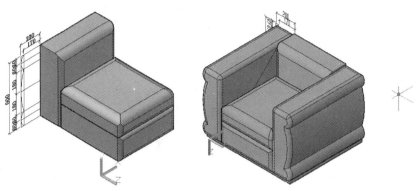

图 8-2-2-5　创建沙发扶手截面轮廓线　　　　图 8-2-2-6　拉伸得到扶手

　　使用直线创建沙发钢管的轴线，遇到的问题是，在应用"扫掠"命令（Sweep）时，由于直线是分段的，所以只能得到一段一段的钢管，还需要布尔运算做合并（Union）才能得到完整的钢管："曲面"选项卡"曲线"面板中点击"合并"可将这几段线合成一条线；如果使用多段线（PLine）创建钢管轴线，得到的多段线也是二维平面的，同样存在和直线一样的问题。AutoCAD2018 也提供了"三维多段线命令"（3DPOLY），可以一次性创建整段的钢管轴线，但需要先用直线基本画出轴线作为辅助线，以帮助三维多段线准确地定位各个拐点。具体尺寸可以参照图 8-2-2-8，也可以根据图片比例自行设定。

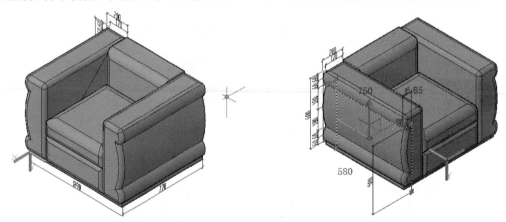

图 8-2-2-7　创建沙发金属底盘　　　　图 8-2-2-8　创建沙发钢管的轴线

　　在钢管轴线脚点的水平面上画圆，直径 26mm，如图 8-2-2-9 所示。

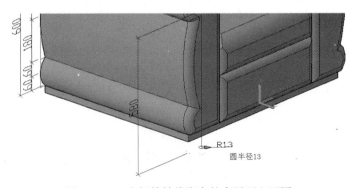

图 8-2-2-9　在钢管轴线脚点的水平面上画圆

点击"实体"选项卡"实体"面板的"扫掠"，或者动态输入 Sweep，如图 8-2-2-10 所示。

系统提示"选择要扫掠的对象"，选择代表钢管壁的圆，右键或空格以确认；系统提示"选择扫掠路径"，选择创建的钢管轴线，出现创建好的沙发钢管，如图 8-2-2-11 所示。

图 8-2-2-10　选择"扫掠"

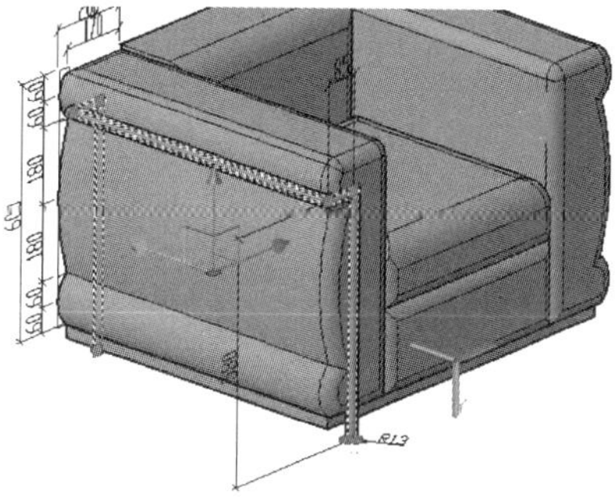

图 8-2-2-11　完成沙发钢管

同样方法创建下层更细的钢管，直径为 15mm，如图 8-2-2-12 所示。

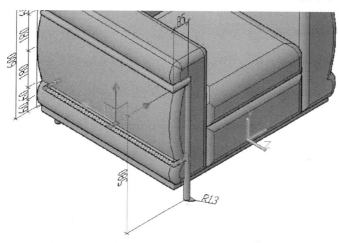

图 8-2-2-12　创建细钢管

使用"布尔值"面板的"并集"命令，把两个钢管合并，如果不合并，渲染后会出现粗钢管和细钢管的圆柱面截交线不正常的情况，如图 8-2-2-13 所示。

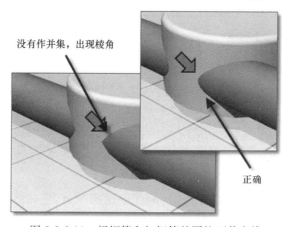

没有作并集，出现棱角

正确

图 8-2-2-13　粗钢管和细钢管的圆柱面截交线

点击"实体"选项卡"布尔值"面板的"并集"工具，如图 8-2-2-14 所示，根据系统提示选择要合并的对象后确认。

图 8-2-2-14　选择"并集"

创建沙发脚有很多方法，用户可以尝试使用"三维建模"面板的"旋转"命令来创建这种回转体。如图 8-2-2-15 所示，创建用来旋转的圆弧和轴，用户需要事先使用 UCS 命令变换用户坐标系到创建圆弧的平面。

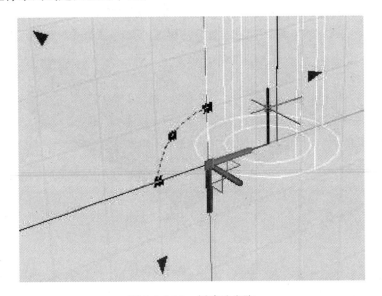

图 8-2-2-15　创建沙发脚

点击"三维建模"面板的"旋转"命令，如图 8-2-2-16 所示。

图 8-2-2-16　选择：旋转

系统提示"选择要旋转的对象"，选择刚才创建的四分之一圆弧后按空格键确认，选择钢管轴心作为旋转轴，旋转角度为 360°，得到沙发脚的造型，如图 8-2-2-17 所示。

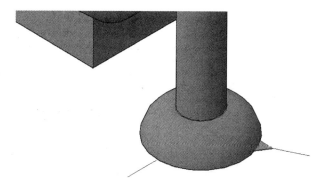

图 8-2-2-17　完成沙发脚

　　复制得到另外一个沙发脚，再通过镜像得到另外一边完成的沙发钢管，完成后如图 8-2-2-18 所示。

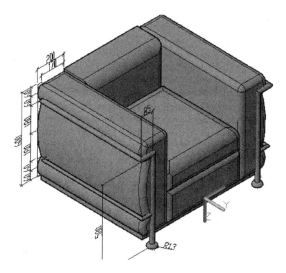

图 8-2-2-18　完成沙发建模

　　（2）场景、视图和光源

　　假设把沙发放在 5m×5m×3m 的房间内，房间中间有一盏球形吊灯。用 6 个长方体搭围成封闭的空间，在房间中创建一盏点光源，利用鼠标中键调整视图到合适的角度。

　　（3）材质

　　为墙壁指定混凝土材质，为地板指定木质材质，为顶棚指定石膏板材质，为沙发指定皮革材质，为钢管指定不锈钢材质。

　　需要注意的是，要仔细观察各种材质铺贴的比例、尺度和位置，保证贴图显示正确。皮革材质需要设置凹凸贴图才能更真实。不锈钢材质需要设置成亮光不锈钢（Metal Polished）才能看出反光效果。

　　（4）渲染

　　不使用"间接发光"，在"渲染"面板的下拉列表中选择渲染预设为"低"，保持系统默认的渲染设置，得到效果如图 8-2-2-19 所示。

　　正面视图如图 8-2-2-20 所示。

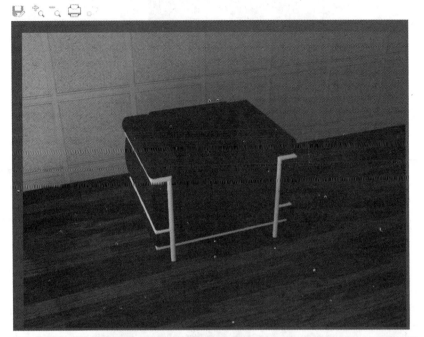

图 8-2-2-19　渲染

图 8-2-2-20　正面渲染视图

　　在"渲染"面板中选择渲染预设为"中"，打开渲染高级设置，在"材质"一栏中，更改"纹理过滤"和"强制双面"为关；在"采样"一栏中，选择过滤器为"Mitchell（米切尔）"；"间接发光"一栏的全局照明的"使用半径"设为"开"，半径设为"10"；"最终采集"的半径模式设为"开"，最大半径设为"10"，渲染完成后结果如图 8-2-2-21 所示，看上去要比上一张精细得多。

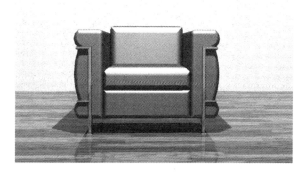

图 8-2-2-21　最终渲染效果

在渲染时还需要注意以下几个问题：

√ 材质："纹理过滤"关闭与打开相比，关闭时的质感更强。如果"强制双面"设为开，则面的正反两侧都赋上贴图，设为关，则只有朝向用户的面赋贴图，一般情况下，设为关即可，如图 8-2-2-22 所示。

√ 采样："过滤器类型"选择 Mitchell（米切尔），是比较准确的一种算法，选择长方体、三角形或者 Gauss（高斯）容易在最终渲染的图片上出现带颜色的光斑。"过滤器宽度"和"高度"数值越高渲染质量越好，但是计算时间也越长，如图 8-2-2-23 所示。

在"高级渲染设置"选项板中其他各项参数的解释可以参照 AutoCAD2018 的帮助文档。

图 8-2-2-22　"材质"的控制　　图 8-2-2-23　"采样"的控制

第9章 图 纸 输 出

9.1 模型空间和图纸空间

针对不同的图形对象，AutoCAD 既可以从"模型空间"打印输出，也可以从"图纸空间"打印输出，最终的打印输出决定着绘制图形的步骤和图形、标注等比例的设置。因此，下面将分别讲解如何输出图纸。

√ 从"模型空间"打印输出适用于单视口的平面图形，其基本的指导思想就是利用所见即所得的特性，将所要打印在图纸上的内容都显示在模型空间中，比如图形、标注、文字、图框、标题栏等全部都创建在模型空间中，再打印出图。AutoCAD 的老版本用户基本习惯了在模型空间绘图并在模型空间打印出图，熟练以后，速度也很快，对于平面制图，这种方法基本可以应付。

√ 从"图纸空间"利用布局内创建视口的打印输出方法适用于三维视图以及复杂平面图形的处理，一般做法是，在模型空间完成图形的创建，尺寸标注和文字注释可以在模型空间进行也可以在图纸空间中进行（具体原因可以参看以前讲过的尺寸标注和文字注释部分的内容），图框和标题栏在图纸空间下插入，之后完成多个视口的创建，排布好图纸，进行页面设置，配置打印机，打印出图。

对于复杂的平面图，在图纸空间利用布局创建视口的方法比在模型空间打印出图要方便，比如需要表现节点详图，就需要在一张图纸上表现很多不同层次不同比例的图，这样在图纸空间使用布局创建多个不同比例的视口，就会比模型空间下多次缩放图形，再排好位置之后打印出图便利快速得多。

9.2 布局及页面设置

在模型空间内完成图形创建后，就可以通过选择布局选项卡进入图纸空间打开编辑要打印的布局或新建需要的布局。AutoCAD2018 中，可以创建多种布局，每个布局代表一张要单独打印输出的图纸，创建新布局之后，还可以在布局中创建浮动视口，视口中的各个视图可以用不同的比例打印。

9.2.1 新建布局

新建布局的方法有以下几种：

右键单击模型选项卡，出现菜单栏，选择"新建布局"或"从样板"，如图 9-2-1-1 所示。"新建布局"指创建后通过页面设置进行布局调整，而"从样板"指打开并使用 Au-toCAD 自带的图纸布局。

另外可以调出布局工具栏，选择此工具栏上的"新建布局"或"来自样板的布局"。

选择布局工具栏的方法为在菜单栏点击"工具（T）"/"工具栏"/"AutoCAD"/布局。此时弹出的工具栏即为布局工具栏，如图 9-2-1-2 所示。

图 9-2-1-1　新建布局　　　　图 9-2-1-2　布局工具栏

9.2.2　使用页面设置对话框

新建布局之后，便可通过修改"页面设置管理器"进行页面调整。

打开"页面设置管理器"的具体方法：

在输出选项卡/打印面板中选择"页面设置管理器"，如图 9-2-2-1 所示。

图 9-2-2-1　打开"页面设置管理器"

右键单击布局选项卡在弹出的菜单栏中选择"页面设置管理器"，或者使用布局工具栏中"页面设置管理器"图标 打开。

运行命令后，弹出"页面设置管理器"对话框，如图 9-2-2-2 所示。

点击"修改"，则弹出"页面设置-布局"对话框，用于设置各项打印参数，如图 9-2-2-3 所示。

（1）图纸尺寸和图纸单位

选择使用的图纸尺寸和单位，列表中可用的图纸尺寸由当前配置的打印设备决定，一般家用打印机都支持 A4、A3 等小幅面打印纸，如果在打印设备的下拉列表中选择"无"，则列表中显示出从 A4 到 A0，B5 到 B1 等各种 AutoCAD 系统能支持的图纸尺寸。

（2）图形方向

决定打印图纸时图纸的方向，使用"横向"设置时，图纸的长边是水平的，使用"纵向"选项时，图纸的短边是水平的。"反向打印"则控制首先打印图形的顶部还是底部。

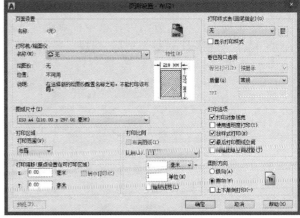

图 9-2-2-2 "页面设置管理器"对话框   图 9-2-2-3 "页面设置-布局"对话框

（3）打印区域

选择打印区域：选择"布局"，就是打印指定图纸尺寸边界内的所有对象；打印原点为（0，0），也就是页面的左下角；选择"显示"，将打印图形区域中显示的所有对象；选择"范围"，将打印图形中所有可见的对象；选择"视图"，将打印以前保存过的视图，可以从下拉列表中选择；选择"窗口"，可以通过鼠标在图纸空间指定一矩形范围，定义为要打印的区域。

（4）打印比例

设置打印比例，一般在模型空间绘制对象时通常使用实际的尺寸，即按 1∶1 的比例绘图。那么从布局打印图形时，模型空间的对象将以其布局视口的比例显示，用视口的比例打印模型空间对象，就设置为 1∶1 的比例打印布局。

如果是打印草图，通常不需要精确的比例，就可以在下拉列表中选择使用"按图纸空间缩放"，按照能够布满图纸的最大可能尺寸打印布局，尽量将图形布满图纸。一般情况下，如果比例设置为大于 1 的比例，则图形被放大；如果比例设置为小于 1 的比例，则图形被缩小。

如果列表中的比例不能满足需要，可以从下拉列表中选择"自定义"，这时通过"1毫米＝X 单位"的形式控制打印比例，例如：如果设置了 1 毫米＝10 单位，则打印的图形中，每 1 毫米的图纸距离表示实际距离 10 毫米。

一般打印出的图纸上的线宽就由图层管理器中设置的线型宽度决定，按线宽尺寸打印，而与打印比例无关。如果勾选了"缩放线宽"，那么线型的宽度也就随之变化，并保持各线型粗细的相对关系。一般在很小的纸上打印大图，为了防止线条过粗才使用此选项。

（5）打印选项

打印选项中一般按照默认设置即可。"最后打印图纸空间"如果选中，则会先打印模型空间对象，再打印图纸空间对象；如果不选，则先打印图纸空间对象。"隐藏图纸空间对象"用于指定是否在图纸空间视口中的对象上应用"消隐"操作。此选项仅在布局选项卡上可用。其设置的效果将反映在打印预览中，在布局中看不到。

（6）打印样式

打印样式可以控制打印的显示效果，如线型、线宽、颜色等。在展开的"打印样式表"栏的下拉菜单中可以找到指定的打印样式，选择适合的样式后，也可通过"打印样式表编辑器"对打印样式的设置进行修改。若想要文件输出打印时为黑白样式，则可在"页面设置管理器"的"打印样式表"中选择"monochrome.ctb"样式，如图 9-2-2-4 所示。

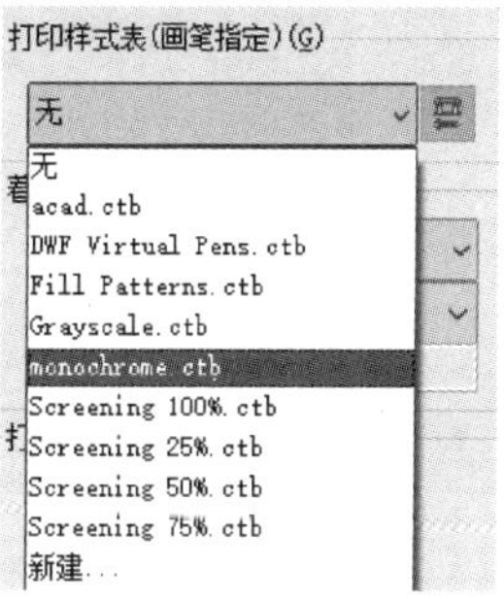

图 9-2-2-4　"打印样式表"
对话框

9.3　打印

用户需要事先安装好打印机的硬件设备，连接好电源线和数据线，之后安装好打印机的驱动程序，检测可以正常使用后，启动 AutoCAD2018，在打印设备标签中的名称下拉列表中就可以选取安装好的打印机。

9.3.1　打印预览

在打印输出图纸之前，可以预览输出结果，以便检查所有的设置是否正确，如有不对，还可以继续修改。预览输出结果的方法有以下几种：

单击"输出"选项卡／"打印"面板/预览，如图 9-3-1-1 所示。

或输入：preview。

在执行命令之后，将会按照当前的页面设置、绘图设备设置、绘图样式等在屏幕上显示最终输出效果。

9.3.2　打印图纸

在完成诸多设置后，且预览无问题，用户可以通过以下方法调用打印命令：

单击"输出"选项卡／"打印"面板/打印，如图 9-3-2-1 所示。

图 9-3-1-1　"打印预览"图标

图 9-3-2-1　"打印"图标

或在菜单浏览器 ▲ 中选择"打印"命令。

或在命令行输入：plot。

或使用快捷键：ctrl＋p。

执行命令后，弹出"打印"对话框，如图 9-3-2-2 所示。

可以发现，"打印"对话框和"页面设置管理器"对话框基本相似，用户也可以在这里完成页面设置并配置打印设备和选择打印样式表，再预览打印效果。若对预览效果不满意则可以点击"关闭预览窗口"或按键盘"ESC"键返回到"打印"对话框继续修改，如果对预览效果满意，则可点击打印进行出图。另外在对话框中，可以设置打印的份数。如果勾选了"打印到文件"，则将针对不同的打印配置文件生成相应格式的打印文件。

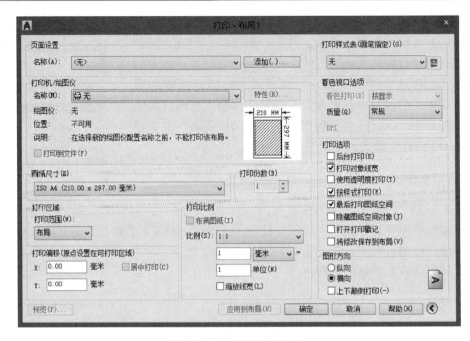

图 9-3-2-2 "打印"对话框

9.4 以其他格式输出文件

在 AutoCAD2018 中，提供了多种输出功能，可以将绘制的图形以其他格式的图形文件输出。可以输出的格式有 DWF、PDF 以及其他格式。

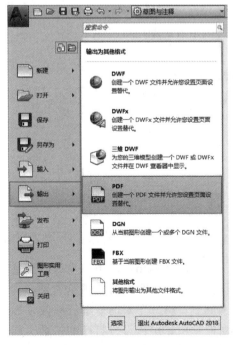

图 9-4-1 选择"输出格式"

调出输出命令的方式有以下几种：

在菜单浏览器 中选择输出，在弹出的菜单栏中选择相应的输出格式，如图 9-4-1 所示。

或者选择其他格式，在弹出的对话框中选择所要保存的格式，如图 9-4-2 所示。选择所要保存的位置，并输入保存文件名称保存即可。

如果在另一个应用程序中需要使用 AutoCAD 图形，可以将画好的图形输出以转换为指定的格式，也可以使用 Windows 系统提供的剪贴板，把图形剪贴到其他应用程序的操作环境下。

下面简单介绍 AutoCAD 可以输出的常用其他格式，包括：

√ DXF 文件

DXF 文件即图形交换格式，是包含图形信息的文本文件，其他的 CAD 系统可以读取文件中的信息。如果其他人正使用能够识别 DXF 文件的 CAD 程序，那么以 DXF 格式保存图形后就可以共享该图形。只要从"文件"菜单中选择"另存为",在"图形另存为"对话框的"文件类型"框中选择 DXF 格式,就可以实现 DXF 文件格式的输出。

图 9-4-2　"输出数据"对话框

√ WMF 文件

WMF 即 Windows 图元文件格式,可以包含矢量图形和光栅图形格式。一般情况下,AutoCAD 只在矢量图形中创建 WMF 文件。矢量格式与光栅格式相比,其最大的优越性在于 Windows 图元文件(图片)格式包含了屏幕矢量信息,而且此类文件可以在不降低分辨率的情况下进行缩放和打印。可以使用这种格式将对象粘贴到支持 WMF 文件的 Windows 应用程序中,而且粘贴到 AutoCAD 中的图元文件比位图图像(BMP 文件)的分辨率还高,能够实现更快的平移和缩放。许多 Windows 应用程序都使用 WMF 格式。从"文件"菜单中选择"输出",在"输出数据"对话框的"文件类型"框中选择"图元文件(*.wmf)"就可以实现 WMF 格式文件的输出。一般情况下,WMF 文件使用 ACDSee 等图像浏览软件就可以查看和打印,也可以通过 Word 的插入功能调入文档中进行处理。

√ 光栅文件

可以使用若干命令将对象输出到与设备无关的光栅图像中,光栅图像的格式可以是 BMP、JPEG、TIFF 和 PNG。其对应的输出命令分别是:bmpout、jpgout、tifout、pngout。使用命令后,会弹出"创建光栅文件"对话框,用户选择保存位置,输入文件名称后确定，命令行会提示"选择对象或＜全部对象和视口＞："，选择对象后回车，就会得到相应格式的文件，如果默认选择全部对象和视口，则会得到整个绘图区的图像。需要注意的是，图像的分辨率和屏幕显示的分辨率是一致的。

　√ PostScript 文件

　　许多桌面发布应用程序使用 PostScript 文件格式类型。其高分辨率的打印能力使其更适用于光栅格式，例如 GIF、PCX 和 TIFF。将图形转换为 PostScript 格式后，还可以使用 PostScript 字体。如果需要输出为 PostScript 文件格式，则需要按照前面讲解过的与配置 JPG 输出设备相同的步骤在打印设备中配置新的 PostScript 输出设备。

　√ 3D Studio 文件

　　AutoCAD 可以创建 3D Studio（3DS）格式的文件。此过程保存三维几何图形中的视图、光源和材质。这样用户就可以在 LightScape 和 3DSMAX 或者 3DVIZ 中调用 Auto-CAD 创建的文件。如果需要将图形输出为 3DS 格式，需要在"文件"菜单中选择输出为 3DS 格式即可。

　√ DWF 文件

　　用户可以使用 AutoCAD 创建 Web 图形格式文件，即 DWF 文件。用户可使用这种格式在 Web 或 Internet 网络上发布 AutoCAD 图形。任何人都可以使用 Volo® View™ 或 Autodesk® Express Viewer™ 和 Microsoft Internet Explorer 5.01 及其更高版本中打开、查看和打印 DWF 文件。由于 DWF 文件是二维矢量文件，所以 DWF 文件的优势在于支持实时平移和缩放以及对图层和命名视图显示的控制。

　　如果用户需要详细了解各种输出格式的知识可以参看其他书籍。